科技惠农一号工程

现代农业关键创新技术丛书

肉兔产业先进技术

姜文学　杨丽萍　主编

山东科学技术出版社

主　编　姜文学　杨丽萍

编　者　高淑霞　张秀玲　刘玉庆　胡　明

　　　　白　华　齐　静　曲树杰　薛在军

　　　　刘展生

>>> 目　录 <<<

一、肉兔产业要求与模式

现代肉兔产业就是以市场为导向,以效益为中心,依靠龙头带动和科技进步,对肉兔生产实行区域化布局、专业化生产、一体化经营、社会化服务和企业化管理,形成"贸、工、农"一体化、"产、加、销"一条龙的经营方式和产业组织形式。其基本特征是立足本地优势,面向国内外市场,形成规模经营,充分发挥龙头企业开拓市场、深化加工、配套服务的作用。

(一)现代肉兔产业基本特征

1.养殖数量规模化

受肉兔良种引进、程序化防疫、产品质量控制和市场信息等方面的制约,千家万户的小生产难以实现和大市场的对接,发展肉兔产业必须加大规模化饲养,实行标准化生产、集约化经营。加强肉兔生产基地建设,重点提高肉兔产业的现代化管理水平,从而提高肉兔产品的质量。对于肉兔养殖场,一般要求养殖基础母兔数量在 100 只以上。

2. 饲养品种优良化

规模化养殖应以高产优质品种为当家品种。目前国内的肉兔品种很多,如新西兰白兔、加利福尼亚兔、比利时兔、青紫蓝兔等,前几年又引进了伊普吕、伊拉配套系,更加丰富了肉兔的种质资源,应加以合理充分的利用。

(1)加强本品种选育。从提高早期生长速度、抗病力、繁殖力等不同的生产方向进行选育,建立起各具特色的优质高产核心群,投入资金,进行长期的保种、选种工作,这是肉兔生产的基础。只有做好这一工作,才能进一步地开展杂交利用,提高生产效率。

(2)建立经济杂交配套系。利用三系或四系配套生产商品肉兔,是提高生产效率的有效途径。我国已从国外引进多个配套系及其祖代或曾祖代,但引进后,如何做到洋为中用,如何进行有效生产,应引起足够重视。对于引进的曾祖代兔,应加强适应性选育,选育出适应我国自然经济条件的几个纯系种兔,然后进行杂交配合力测定,形成高效率的肉兔生产配套系。对于引进的祖代兔,无法进行连续生产,应从祖代兔群中挖掘优良基因,选育出新的纯种核心群体,然后再进行杂交利用。

(3)规范推广经济杂交配套系。很多养殖场户对配套系的知识异常匮乏,甚至片面认为祖代兔比父母代的好,曾祖代的就更好,导致他们盲目花高价购进种兔后,杂交滥配,后代生产性能严重下降。现代肉兔产业必须尽快建立起社会化的经济杂交配套系,由一些龙头企业承担起种兔的育种、曾祖代种兔的饲养和向社会祖代场提供祖代兔的任务;一些较大型的饲养企业建立祖代兔场,向社会上父母代场提供父母代种兔,并提供优质的技术服务等。这样才能像肉鸡生产那样,实现高效的配套系生产。

3.生产设施标准化

在肉兔产业发达的西班牙、法国、意大利等国家,中大型兔场基本上都采用了标准化的建筑模式和相应的控制设备。虽然有的兔场建筑稍显陈旧和简陋,但是基本的基础设施和设备都具备。例如,兔舍整体建筑都是规范的室内兔舍;笼具方面无论是母仔混合笼,还是单笼,都具有基本一致的样式和尺寸;都采用了饲料塔储料、自动饲喂系统、水帘降温结合机械通风、自动清粪等;繁殖控制全部采用人工授精。建设我国现代肉兔产业,可借鉴发达国家的先进经验,在充分考虑肉兔福利要求的前提下,用现代工业手段装备肉兔业,以便于管理操作,提高工作效率,以较少的人力投入获得较高的经济回报。

4.饲料供应专业化

肉兔饲料尤其是粗饲料质量不稳定、发霉变质等因素,易造成肉兔大批量死亡,已成为产业发展的"瓶颈"。兽药和添加剂的滥用,则造成了兔肉产品的药残和重金属残留超标。发达国家育肥肉兔完全可以自由采食,实行自动化控制,而我国绝大多数兔场不能采取这项技术,主要原因在于饲料质量。发展现代肉兔产业必须建立专门的饲料生产供应体系,建立规范的苜蓿干草等优质牧草生产基地,加强对农副产品作为兔饲料的研究和开发,减少对苜蓿等优质牧草的用量和依赖性;规范使用兽药和饲料添加剂。

5.经营管理科学化

现代规模化养兔企业,更需要重视管理的科学化,包括对兔子的饲养管理,对人的管理、企业的整体运营管理。生产中实行操作的程序化、规范化、标准化和工作的周期化,管理中做到科学化、现代化。要组建一支优秀的管理团队,制定一套符合本企业生产和长期发展的管理模式,建立全新的现代管理理念,科学有效地组织兔业生产。其核心是将现代企业管理理念和养殖业有机结合,使肉兔生产能够如工业产品一样进行规模生产、批量生产和流水线生产;饲养员也如同工厂化参与流水线生产,做到专业分工,实行细化管理,将不同人才各尽其用,实现企业利润最大化,做到管理出效益。国外与良种相配套的饲养管理和繁育模式为"全进全出的循环繁育模式"。这种生产管理模式的技术基础是繁殖控制技术和人工授精技术,在笼具和房舍的设计上也有所配合。运用这种管理技术,每个兔舍在77天左右就会轮流空舍空栏10天左右,彻底清理、清洗、消毒,可大大降低疾病的发生率。饲养工作程序化,每周和每天的工作内容计划性很强且相对固定,便于管理。由于生产效率大大提高,员工每天的累计工作时间基本上在8小时左右,每周可以休息一天。不用每天都安排人到兔舍内值夜班护理刚出生的仔兔,值夜班的时间相对集中和固定,可降低饲养人员的劳动强度。

(二)现代肉兔产业模式

1. 合作社模式

合作社是一种以农民为主体自愿组成的社会团体,把分散的养殖场(户)通过市场开拓和技术、信息服务等环节联结起来,主要有养殖生产合作、饲料生产供应合作、产品加工销售合作、经营管理和技术信息咨询合作以及信贷保险合作等。通过服务把原本分散的农户组织起来,把生产同类产品的产前、产中、产后的相关环节连接起来,把千家万户的小生产与千变万化的市场相对接,形成利益结合、互相依赖的社会化生产和销售服务体系。由合作社统一提供种源、饲料、疫苗等,统一进行产品销售。

2. 企业集团模式

由国际国内资本向肉兔产业倾斜,形成"产、供、销"一体化的综合企业集团,可进行大批量的、均衡的、标准化和高质量的生产,如青岛康大集团、四川哈哥集团、内蒙古东达集团等都属于这种类型。这类企业具有以下优势:

(1)资源共享,节省了成本和费用。统一采购可以降低采购成本,统一销售可以节约营销费用,统一结算可以节省财务费用和解决融资的难题等,可进行统一研发,降低研发费用。

(2)优势互补,提升了企业的运作和管理效率。集团化运作可以将某一企业的"长板"弥补其他企业的"短板",带动其他成员企业提高了运作和管理的效率。例如,销售渠道的融通、人力资源管理经验的借鉴等。

(3)提高了企业创新能力和综合竞争能力。技术创新、营销创新以及成本和费用的降低等,使企业及集团综合竞争能力得到提升。

3. 产业合作模式

由肉兔加工龙头企业带动,形成"龙头企业+规模兔场+标准化养殖小区"模式。如青岛康大食品有限公司等均采用"公司＋基地＋农户＋科技"等形式，融"农、工、贸"于一体，"产、供、销"一条龙，构建"产、学、研"联盟，以兔产品为主体，以经济为纽带，把兔农与市场联系在一起，解决小生产与大市场的矛盾，增强养殖场（户）抗风险的能力，推动了肉兔产业化向纵深发展。

二、肉兔养殖设施及环境控制新技术

现代肉兔产业建设技术,包括肉兔养殖场的选址建设及环境控制技术、良种繁育体系建设技术、饲料配制加工技术、规模养殖饲养管理及疫病防控技术、兔肉产品深加工技术等。

(一)肉兔生物学特性

1.肉兔的生活习性

肉兔是由野生穴兔驯化而来的,至今不同程度地保留着祖先的某些生活习性与生物学特性,如昼伏夜行、打洞穴居、嗜眠、胆小怕惊、耐寒怕热等。了解这些特点习性,才能为肉兔创造适宜的生活环境,进行科学合理的饲养管理,提高生产效率。

（1）昼伏夜行：兔子是草食动物，在自然界为躲避天敌的捕杀，形成了昼伏夜行的遗传本性，这在饲养管理中十分重要。肉兔白天除了采食饮水外，大部分时间喜欢"闭目养神"，进入昏睡状态，除了保持一定程度的听觉外，视觉消失，皮肤接受刺激后反应大大减弱或消失，这就是"嗜眠性"。白天是兔子睡眠休息的时间，除添水喂料外，尽量保持兔舍安静。

（2）胆小怕惊：兔子胆小，听觉十分敏锐，即使在昏睡状态也不例外，一有异常响音就会惊群，在笼中狂奔乱跳。群养的幼兔受惊吓往往挤压在一起。在这种情况下，轻则掉膘、流产，重则突然死亡。所以，对兔子要温和、动作轻，并避免生人进兔舍。

（3）嗅觉灵敏：兔子嗅觉很灵敏，饲料要注意适口性，草料要新鲜，不要霉变。

（4）喜欢阴凉、干燥、清洁：肉兔养殖要求阴凉、干燥、清洁，能有效防止传染病，促进生长。肉兔汗腺不发达，比较耐寒怕热，喜欢阴凉，适宜温度在 $15 \sim 25℃$。高温会严重影响公兔的精子活力。冬季严寒对成年兔影响不大，但增加饲料消耗。低温和寒风对仔兔威胁很大，仔兔无毛，采食量少，体温调节功能和活动取暖能力都很差，所以兔舍设计要兼顾上述特点，夏季阴凉、通风，冬季保温、防风，尤其繁殖兔不要采用露天式兔舍。仔兔要用产仔箱，以创造温暖舒适的小环境。

（5）啮齿穴居，同性好斗：肉兔是啮齿动物，第一对门齿是恒齿，永不脱换，不停生长，上颌门齿每年生长约10厘米，下颌12.5厘米，必须通过啃咬硬物磨短，才能保持上下颌牙齿齿面吻合。肉兔还保留着祖先打洞穴居的习性，尤其母兔分娩时更为明显，常用前肢扒笼壁和垫板。肉兔同性好斗，两只性别相同的成年兔在一个笼里，往往互相撕咬。特别是公兔，互相咬对方睾丸、臂腿，直到咬死方休。幼兔到了断奶就应分群，防止撕咬和乱配。

2. 肉兔的草食性与消化特点

肉兔属于草食动物，喜食植物的茎、叶、块根、子实，不喜欢鱼粉、肉骨粉等动物性饲料，一般日粮中动物性饲料不超过5%，否则影响肉兔食欲。在饲草中，肉兔喜欢吃多叶、多汁饲料，如苜蓿、燕麦、三叶草、猪尾草、鲜嫩地瓜秧、花生秧、胡萝卜、萝卜等。兔子喜食有一定硬度的饲料，颗粒饲料在饲料利用率和促进兔子生长方面都比粉料好。

肉兔具有发达的小肠和大肠，二者总长度约为兔体长的10倍。结肠与盲肠也很发达，类似马，其中繁衍着庞大的微生物群系，能够充分酵解粗纤维。虽然这一强大的"发酵罐"位于消化道末端，但兔子有一个食软粪的奇妙习性，弥补了这一不足。肉兔白天排出的是硬粪，是兔子最终排泄物，营养成分很低。另一种是夜间排出的软粪,含有大量经盲肠发酵而又未被吸收的蛋白质和维生素,一经排出就被肉兔自己直接吃掉。

肉兔具有发达的消化系统和独特的食粪习性,能充分利用粗饲料中纤维、蛋白质,粗纤维消化率为65%~78%,粗蛋白为70%~80%。粗纤维是肉兔能量主要来源,而且对于兔的消化特点,粗纤维是必需的,否则会破坏消化道微生物平衡,引起消化紊乱。日粮中粗纤维低于6%,就有增加腹泻的趋势。

肉兔采食粗饲料,需要补充食盐和钙磷及微量元素。软粪中含有丰富的 B 族维生素,青饲料中维生素也较多,因此,兔饲料不必再添加维生素,冬季吃干草需补饲适量的胡萝卜、萝卜。

(二)兔舍环境要求

环境因素是指所有作用于肉兔机体的外界因素的统称,包括温度、湿度、光照、有害气体、噪声及卫生条件等。进行肉兔的标准化生产,首先要考虑不同类型肉兔的生理特点,根据各地不同气候条件,通过不同的兔舍建筑创造适宜的内部环境,满足肉兔的生理需求,提高肉兔的生产效率和养殖经济效益。

1. 温度

肉兔是恒温动物,平均体温为 38.5~39℃,但受环境温度的影响较大。通常肉兔体温夏季高于冬季,中午

肉兔产业先进技术

高于夜间。肉兔的汗腺不发达,全身覆盖被毛,体表皮肤散热能力很差。夏季高温高湿条件下,当兔舍内气温达到35℃、湿度80%以上时,肉兔散热困难,严重危及肉兔的健康和生存。试验证明,成年肉兔在气温35~37℃的干燥、通风良好的恒温箱中能生存数周;在相同温度而湿度较大的恒温箱中,肉兔仅能存活1~2天。小兔特别怕冷,尤其是初生仔兔,因体小单薄、皮肤裸露、被毛短而稀少,无御寒能力,受到低温寒冷的侵袭,很容易引起体温下降,当体温下降到20℃以下时就可能死亡。1月龄内的仔兔,虽然已全身长出被毛,但体温调节机能尚未发育完善,对环境温度的变化适应力很差,难于保持机体与环境的热平衡,御寒能力很弱,仍然容易受冻。

针对成年兔怕热、仔兔怕冷的生理特点,在设计和建造兔舍时,应认真考虑不同日龄肉兔对环境温度的要求。表1所列温度范围,在实际生产中很难达到,也不符合低碳节能原则。生产上可根据肉兔的不同生理阶段分类管理,以降低能耗,最大限度发挥肉兔的生产潜能。一般只要兔舍温度保持在5~30℃,通过加强管理,做好产仔箱的保温和仔兔护理工作,均可进行正常生产。

表 1　　　　　　　不同日龄肉兔最适环境温度

日　龄	1	5	10	20～30	45	60以上	成　年
温度(℃)	35	30	25～30	20～30	18～30	18～24	15～25

2. 湿度

空气湿度的变化对肉兔生产有一定的影响,肉兔适宜的空气湿度为60%～65%。由于肉兔主要靠蒸发作用散发体热,当温度高且湿度大时,肉兔的蒸发散热量减少,机体散热更为困难。温度低且湿度高时,会加快肉兔体热的散失,不利于保温。无论温度高低,高湿度都对体热调节不利,而低湿则可减轻高温和低温的不良作用。

高温高湿环境有利于病原微生物和寄生虫的孳生、发育,肉兔易患球虫病、疥癣病、真菌病和湿疹等,饲料易发霉而引起真菌毒素中毒。低温高湿使肉兔易患各种呼吸道疾病(感冒、鼻炎、气管炎)、消化道疾病等,特别是幼兔易患腹泻。如果空气湿度过低、过于干燥,则易使黏膜干裂,降低兔对病原微生物的防御能力。

3. 通风

首先要求饲养场所在地区环境空气质量应符合《GB3095 中华人民共和国环境空气质量标准》二级标准的要求,而兔舍通风的好坏直接影响兔舍的环境卫生和肉兔的生长。兔舍中由于肉兔的呼吸和粪尿的分解,存在二氧化碳、氨气、硫化氢等有害气体,还有灰尘和水汽,这些都对肉兔生长产生不利的影响。通风可以引进新鲜空气,排除兔舍内污浊空气、灰尘和过多的水汽,调节温度,防止湿度过高。通风量的大小和风速的高低,应通过兔舍的科学设计(如门窗的大小和结构、建筑部件的密闭情况等)和通风设施的配置来控制。

(三)场址选择

兔场是进行肉兔生产的场所,良好的兔场环境对养好肉兔十分重要,场址的选择直接关系到养兔生产的成败。实际生产中要结合当地的自然经济条件,充分考虑地势、风向、水源、交通、电力、周围环境及场地面积等各种因素,进行合理规划布局,创造适应肉兔生物学特性的环境条件,最大限度挖掘肉兔的生产潜力,提高肉兔生产经济效益(图1)。

图1　山东某兔场外观

1.地势

根据肉兔喜欢干燥、不耐污浊潮湿的特性,兔场应尽量建在地势较高燥、有适当坡度、地下水位低、排水良好和向阳背风的地方。地势过低、地下水位过高、排水不良的场地,环境潮湿,病原微生物特别是真菌、寄生虫(螨虫、球虫等)易繁殖,会影响兔群健康。地势过高,特别是在山坡的阴面,容易招致寒风侵袭,造成过冷环境,同样对肉兔健康不利。一般要求兔场地面要平坦且稍有坡度(3% ~ 10% 为宜),地下水位应在 2 米以下。土质要坚实,适宜建造房舍和渗水、排水。

2. 风向

兔场建设要注意当地的主导风向。我国多数地区夏季盛行东南风,冬季多为西北风或东北风,兔舍以坐北朝南较为理想,有利于夏季通风和冬季获得较充足的光照。注意当地环境可能引起的局部空气温差,要避开产生空气涡流的山坳和谷地。兔场应位于居民区的下风方向,距离要200米以上,以便于兔场卫生防疫,防止兔场有害气体和污水对居民区的侵害。

3. 水源

肉兔每日需水量较大,一般季节为采食量的 1.5 ~ 2 倍,夏季可达 4 倍以上。此外,兔舍笼具等清洁卫生用水、种植饲料作物浇灌用水及日常生活用水等,可选用城市自来水或打井取水。兔场一定要建在水源充足的地方,要根据供水量确定适宜的养殖规模。一般兔场的供水量以兔群存栏数计,每只存栏兔每日供水量不低于1升为宜。兔场水质直接关系到肉兔和人员的健康，饲养场所在地区水源要充足，水质条件良好，以保证全场生产、生活用水之需。要求兔场区域直径10千米范围内的地表水不低于《GB 3838 地表水环境质量标准》五类水质要求。生产和生活用水应清洁无异味，不含过多的杂质、细菌和寄生虫，不含腐败有毒物质，矿物质含量不应过多或不足。一般可选用城市自来水或打井取水，场内自行打井要注意离开生产废弃物堆放地100米以外，打井深度不低于50米，以降低由于粪尿、污水下渗对井水污染的风险。水井启用前要对水质进行化验，应达到《GB/T 14848 地下水质量标准》三类及以上水质要求。地表水应达到《GB 3838 地表水环境质量标准》三类及以上水质要求，处理后的水质应达到《GB5749 生活饮用水卫生标准》的要求。

4.供电

兔场要设在供电方便的地方，以经济合理地解决全场的照明和生产、生活用电问题。规模兔场用电设备较多，对电力条件依赖性强，兔场所在地应保证充足的电力供应。有条件的应设自备电源，保证场内供电的稳定性和可靠性。电力安装容量以兔群存栏数计，每只存栏兔不低于3瓦。若是自行加工颗粒饲料，应充分考虑粉碎机和颗粒机的用电功率、额外增容。

5. 周围环境

肉兔饲养场所在地区应是无疫区。兔场场址要尽量选在交通相对方便且较为僻静的地方,远离(至少20千米)矿山、化工、煤电、造纸等污染严重的企业,5千米范围内无垃圾填埋场、垃圾处理场、屠宰场、畜产品交易市场等设施;距离主要交通干线和人员来往密集场所300米以上。

6. 场地面积

要根据场地面积确定适宜的养殖规模。养殖场建筑设施应明确分为生产区、管理区和隔离区3个区,各区之间界限明显、联系方便。管理区占上风和地势较高的地段,隔离区建在下风和地势较低处。各个功能区之间的间距大于50米,并用防疫隔离带或墙隔开。一只基础母兔及其仔兔按$1.5 \sim 2.0$米^{2}建筑面积计算,一只基础母兔规划占地$8 \sim 10$米^2。

(四)环境控制技术

由于各地的自然气候条件不同,自然的环境条件很难满足肉兔的正常生理需求,必须通过不同的建筑及设施人为控制兔舍的内部环境。

1. 通风控制技术

根据兔舍建设条件的不同,分为自然通风和机械通风。

（1）自然通风：在我国南方炎热地区，多采用自然通风法。舍内通风主要靠加大窗户面积，建造开放式室外兔舍进行自然通风；或通过门窗、洞口等，利用热压差形成下进上排的流向，经屋顶天窗或排气孔排风。采用下进上排的通风方式，要求进风口的位置要低，排风口的位置要高，进风口的面积越大，通风量也越大。一般要求进风口的面积为兔舍地面面积的 3% ~ 5%，排风口的面积为兔舍地面面积的 2% ~ 3%，排风口应设置在兔舍背风面或屋脊（图2）。由于自然通风易受气候、天气等因素的制约，单靠自然通风往往不能保证兔舍经常的通风换气，尤其在炎热的夏天和寒冷的冬天，常常需要机械通风。

图2　自然通风的天窗与排气孔

（2）机械通风：适用于密闭程度较高的规模化室内兔舍，有 3 种方式。

①负压通风:是用风机抽出舍内空气,造成舍外空气流入,多用于兔舍跨度小于10米的建筑物。负压通风成本较低,安装简便,在畜牧生产中应用普遍。由于负压通风抽出的是兔舍内局部空气,要求风机在兔舍内分布均匀。

②正压通风:用风机将空气强制送入兔舍内,使舍内气压高于舍外,兔舍内污浊空气、水汽等在压力作用下经排出孔溢出。正压通风在向兔舍内送风时可以对空气进行预热、冷却或过滤,能够很好地控制兔舍内空气质量,但费用较高,同样要求风机在兔舍内均匀分布。

③联合通风:在兔舍内同时使用风机进行送风和排风,用于密闭式兔舍,可以完全控制兔舍内的温度、湿度及空气质量。兔舍内每20米^{2}左右可设置1个送风口、2~4个排风口,要求送风口在兔舍上方中间均匀分布,排风口在兔舍下方四周均匀分布,兔舍内风速控制在0.1~0.2米/秒,每小时换气10~20次。

2. 兔舍照明制度

肉兔对光照的反应远没有对温度及有害气体敏感。虽然光照对生长兔的日增重和饲料报酬影响较小,但对肉兔的繁殖性能影响较大。繁殖母兔每天光照14~16小时,可获得最佳的繁殖效果。长时间光照对公兔危害较大,每天光照超过16小时,可能导致公兔睾丸体积缩小、重量减轻,精子数量减少。要求公兔每天光照时间以 8～12 小时为宜。全密闭兔舍需要完全采用人工光照，可采用相当于 40 瓦白炽灯的日光灯、节能灯等，一般要求每平方米兔舍面积 1.5～2.0 瓦。开放式和半开放式兔舍使用自然光照，短日照季节人工补充光照，应根据天气、季节变化及时增减人工光照时间。一般光照时间为明暗各 12 小时，或明 13 小时、暗 11 小时。

3. 噪声控制技术

由于肉兔胆小怕惊，听觉比较灵敏，对外界环境的应激反应敏感。一旦肉兔受到惊吓便神经紧张、食欲减退，甚至表现"惊场"、"炸群"，在笼内惊叫乱窜，造成妊娠母兔流产、难产或死胎；哺乳母兔泌乳力下降，拒绝哺乳，严重时会造成咬死初生仔兔等不良后果。噪声对肉兔的危害较大，突然的高强噪声可引起肉兔消化系统紊乱，甚至导致肉兔猝死，降低仔兔成活率。在兴建兔舍时一定要远离高噪音区，如公路、铁路、工矿企业等，同时要尽量避免猫、狗等的侵扰，保持兔舍安静。一般要求兔舍噪音不超过 85 分贝。实际生产中可采取在兔舍内播放轻音乐、兔舍周围拴养犬只的方式，使兔群逐步适应周围环境，降低噪声等应激因素的危害。

4. 兔舍温度控制技术

为了充分发挥肉兔的生产性能，提高成活率，必须根据不同季节采取相应措施，提供适宜的生活温度。肉兔怕热,当兔舍温度超过25℃时,兔的食欲就会下降,同时也影响繁殖。与怕热相比,肉兔比较耐寒,但舍温过低,同样不利于肉兔的正常生产。在高温和寒冷季节,要做好防暑降温和防寒保暖工作。

(1)防暑降温:在炎热的夏季,做好兔舍的防暑降温工作,是提高肉兔繁殖潜力和充分发挥其生产性能的有力措施。除了在建筑兔舍时选择好的建筑材料和隔热设计外,可采取搞好场区绿化和增加降温设施,降低兔舍内温度。场区内的空闲地面不要用水泥硬化,可适当种植牧草或蔬菜。在兔舍四周栽种高大的阔叶树木,也可在兔舍上边搭凉棚,四周种植瓜、豆、葡萄等遮阴,以防阳光直射。气温高时要敞开门窗,加大通风面积,可在屋顶和地面洒些凉水,通过水的蒸发吸热降温,也可在室内放置冰块或在兔笼内放置凉水浸泡过的砖头、石板等降温。有条件的兔场可在兔舍内安装电风扇、空调等降温设施。密闭式兔舍可安装湿帘,通过负压通风降低室内温度。这种方法比较经济,适宜高温干燥地区,湿热条件下不宜采用。

(2)防寒保温:在北方寒冷的冬季,做好兔舍的防寒保暖工作,可降低饲料消耗,提高仔兔成活率,充分发挥肉兔生产性能。室外简易兔舍可通过覆盖塑料薄膜、建造塑料大棚,提高兔舍温度。室内兔舍可通过火炉、火墙或地龙等供暖,有条件的大型兔舍应采用锅炉、热风炉等集中供暖,通过管道将热水、蒸汽或预热后的空气送入兔舍和兔舍内的散热器。要因地制宜,开发利用各种新能源如太阳能、沼气、地热等。

(五)兔舍建筑与配套设施

进行标准化肉兔生产,必须配备合理的兔舍建筑和适用的配套设施。

1.兔舍建筑

(1)建筑要求:根据各地气候条件和饲养目的不同,建造不同的兔舍。

①最大限度地适应肉兔的生物学特性。肉兔有啮齿行为,喜干燥,怕热耐寒,所建兔舍要有防暑、防寒、防雨、防潮、防污染、防鼠害等"六防"设施。兔舍方向应朝南或东南,室内光线不要太强。兔舍屋顶必须隔热性能良好。笼门的边框、笼底及产仔箱的边缘等凡是能被肉兔啃到的地方,都必须采取必要的加固措施,选用合适的耐啃咬材料。开放兔舍窗户要尽量宽大,便于通风采光,同时要有纱窗等设施,防止野兽及猫、狗等入侵。地面应坚实平整、防潮保温,地基要高出舍外地面20厘米以上,防止雨水倒流。

②满足生产流程需要,提高劳动效率。肉兔的生产流程因生产类型、饲养目的不同而异。兔舍设计应满足相应的生产流程需要,避免生产流程中各环节在设计上

的脱节。各种类型兔舍、兔笼的结构、数量要配套合理，1 个种兔笼位需配备 4 个商品兔笼位。兔笼一般设置 1～3 层，避免高度过高而影响饲养人员的操作。

③综合考虑各种因素，力求经济实用。设计兔舍时，要综合考虑饲养规模、饲养目的、饲养品种、投资规模等因素，因地制宜、因陋就简，不要盲目追求兔舍的现代化，注重整体的合理适用。应结合生产经营的发展规划进行设计，为今后发展留有余地。

（2）建筑类型：根据不同的气候特点及投资条件，采用全封闭式、室内开放式、半敞开式和室外简易兔舍。

①全封闭式兔舍：是一种现代化、工厂化商品肉兔生产用舍，世界上少数养兔业发达国家有所应用。国内一些教学、科研单位及清洁级和无特定病原（SPF）实验兔生产单位也应用此类兔舍，一般规模较小。这类兔舍门窗密闭，舍内通风、光照、温湿度等全部自动或人工控制，杜绝了病原菌的传播，可保证全年均衡生产。但该兔舍投资较大，运行成本高，不宜盲目推广（图3）。

②室内开放式兔舍：是目前我国进行肉兔标准化生产的主流兔舍。其四周有墙，设有便于通风采光的宽大窗户，室内跨度一般不超过 8 米，可排列 1～4 列笼位。此类兔舍饲养管理较为方便，劳动效率高，便于自动饮水、同期发情、人工授精等先进技术的应用。同时由于兔舍南北有窗，并可设置地窗和天窗，便于调节室内外

肉兔产业先进技术

图 3　全封闭式兔舍

温差和通风换气,能有效防止风雨袭击和兽害,提高仔
幼兔成活率。如果设计不合理,高度过低,低于 2.5 米;
跨度过大,超过 10 米,或窗户面积过小,缺乏良好的通
风换气设施,当饲养密度过大、管理不善时,室内有害气
体浓度较高、湿度较大,呼吸道疾病和真菌病发病率较
高,特别是秋末到早春季节尤为突出。需要安装纵向通
风设施,每天定时通风换气(图4)。

　③半敞开式兔舍:一般是一面无墙或两面无墙,采
用水泥预制或砖混结构的兔笼。若两面无墙,则兔笼的
后壁就相当于兔舍的墙壁。此类兔舍有单列式与双列
式两种,兔舍跨度小,单位兔舍面积放置的笼位数量多,
结构简单且造价低廉,具有通风良好、管理方便等优点。
因舍内无粪沟而臭味较少,但冬季不易保温且兽害严
重。可以采用北面垒墙、南面建 1 米高的半截墙,每隔

2 米在墙与屋顶间加一立柱,夏季在柱子之间安装纱窗防蚊蝇,冬季钉厚塑料布以保温(图5)。

图4　室内开放式兔舍

图5　半敞开式兔舍

④室外简易兔舍:在室外空地用水泥预制3层兔笼,采用单列式或双列式。单列式兔笼正面朝南,兔笼后壁作为北墙,单坡式屋顶,前高后低。双列式兔笼中间为工作通道,通道两侧为相向的两列兔笼,兔笼的后壁作为兔舍的南北墙。室外兔舍地基要高,顶部可用盖瓦或水泥板等,笼顶前檐伸出50厘米,后檐伸出20厘米,以防风雨侵袭。为了防暑,兔舍顶部要升高10厘米左右,以便通风。最好前后有树木遮阴或搭设凉棚,冬季可悬挂草帘保温。该兔舍结构简单、造价低廉、通风良好、管理方便,但冬季繁殖比较困难(图6)。

图6　室外简易兔舍

(3)兔舍构造:

①墙体:墙体是兔舍结构的主要部分,它既保证舍内必要的温度、湿度,又通过窗户等保证合适的通风和光照。根据各地的气候条件和兔舍的环境要求,可采用不同厚度的墙体。建筑材料可用砖、石、保温彩钢板等。

②屋顶:屋顶不仅用来遮挡雨、雪和太阳辐射,在冬冷夏热地区更应考虑隔热问题,可在屋顶设置通风间层,或选用保温材料,以利防暑降温。寒冷积雪和多雨地区,要注意加大屋顶坡度,高跨比应为 1:2 ~ 1:5,以防积雪压垮屋顶。

③门窗:兔舍的门既要便于人员行走和运输车通行,又要保温、牢固,能防兽害。门的宽度一般为 1.2 ~ 1.4 米,高度不低于 2 米。开放兔舍窗户要尽量宽大,便于采光、通风。

④地面:兔舍地面要求平整无缝,能抗消毒剂的腐蚀。为了及时排出兔舍内的污水和尿,应设置排水沟,坡度以 1% ~ 1.5% 为宜。

2. 配套设施

肉兔标准化生产的设备有兔笼、饮水器、料槽、产仔箱等。

(1)兔笼:肉兔的全部生活过程包括采食、排泄、运动和繁殖等,都在笼内进行,生产管理上要求兔笼排列整齐合理,方便日常管理。兔笼总高度应控制在 2 米以下,笼底板与承粪板之间的距离前面为 15 ~ 18 厘米、后面为 20 ~ 25 厘米,底层兔笼与地面距离为 30 ~ 35 厘米,以利于清洁、管理和通风、防潮。兔笼的建造必须符合肉兔的生理特点和生产要求。

①兔笼规格:规模养殖一般采用金属制 2 ~ 3 层立

式(或阶梯式)兔笼,单个笼位宽70厘米、深60厘米、高45厘米,也可用水泥预制。室外兔舍多用水泥预制的3层兔笼。

②笼门:用镀锌铁丝点焊制成,安装在兔笼前面。要求开启方便,能够防御野兽侵害,做到不开门就能喂食、饮水,便于操作。

③笼底板:是组成兔笼的最重要部分,要求平整、牢固。若制作不标准,如间距过大、表面有毛刺,极易诱发肉兔骨折和脚皮炎。笼底板最好用光滑的竹片制作,每片宽2厘米左右,竹片间距1~1.2厘米,长度与笼的深度相当,要设计成可拆卸的活动底板,便于随时取出洗刷消毒。竹底板在第一次使用前,一定要用火焰喷灯烧一下,以除去表面的毛刺和消毒。

(2)承粪板:安装在笼底板下方,承接肉兔的粪尿。用水泥板、石棉瓦或玻璃钢板等制成,要求平整光滑、不透水、不积粪尿。安装承粪板时前面应突出笼外3~5厘米,并伸出后壁5~10厘米。由兔笼前方向后壁下方倾斜15°,防止上层粪尿流到下层,使粪尿经板面直接流入粪沟,便于清扫。

(3)料盒和饮水器:料盒一般用镀锌铁皮或硬质聚乙烯塑料制成,安置于兔笼壁上,要求结实、牢固,便于清洗和消毒。塑料制成的料盒,边缘应包敷铁皮,以防啃咬。一般使用乳头式自动饮水器。在兔笼上方0.5~

1米高度设置一蓄水箱,可以调节饮水器的水压和便于在饮水中添加药物。这种饮水器不占用笼内位置,可供肉兔自由饮水,既防污染又节约用水,还可防止冬季因水温过低引起肉兔肠胃不适。需要注意的是,水箱及连接饮水器的管线应定期消毒,每天检查饮水器是否堵塞或滴漏(图7)。

图7 兔舍大棚(兔笼、饮水器、料盒)

(4)产仔箱:是母兔产仔、哺乳的场所。通常在母兔产仔前2~3天放入笼内或悬挂在笼门外。放入笼内的产仔箱,多用1厘米厚的木板钉成长40厘米、宽26厘米、高13厘米的敞口木箱。箱底有粗糙的锯纹,并留有缝隙和小孔,仔兔不易滑倒,便于排除尿液和清洗。悬挂于兔笼外的产仔箱多用镀锌铁皮或木板制作。适用于室内金属兔笼,悬挂于兔笼的前壁笼门上,在与兔笼接触的一侧留有一个大小适中的方形缺口,产仔箱上方加盖一活动盖板。

(六)肉兔地窝繁育技术

1. 地窝繁育的优点

(1)地窝繁育法回归了兔子打洞产仔的自然习性,减少了人为的干扰,为仔、幼兔的健康成长奠定了基础。传统的母兔产仔方法是采用产箱接产,人为创造母兔产仔环境,迫使母兔在应激环境下生产,造成了许多母兔产后母性不强,护仔、泌乳能力很差。我们采用了母兔在地窝中生产、育仔的方法,让母兔完全回归兔子打洞产仔的自然习性,避免母兔产前产生惊恐不安的情绪。母兔在环境清静、光线暗淡、温度适宜的环境生产、育仔,解决了母兔产前不拉毛、母乳不足,春秋冬三季喂奶时间过长,仔兔体温下降体力减弱,仔兔张不开嘴、吃不上奶饥饿而死的问题;同时也解决了吊奶仔兔掉出产仔箱,不能自主返回而死亡的现象。确保初生的仔兔可以得到母兔很好的护理,为仔兔睡眠期和开眼期健康成长奠定了基础。

(2)地窝繁育为母兔和仔兔提供了舒适、安静、冬暖夏凉的环境,大大提高了断奶仔兔的成活率。过去母兔产仔时经常发生"吊仔、滚笼、冻死"等仔兔死亡现象;母兔无奶时由人工强制喂奶,仔兔受到蹬踏、损伤而死亡;母兔有奶而仔兔没有吃上,母兔容易得乳腺炎等。用地窝繁育能给母兔提供舒适、安静的环境,减少人为干扰,使母兔产前拉毛多,拉毛率达到98%以上;奶水充足,泌乳护仔性能提高;仔兔吃得饱、睡得好,生长发育良好。同时,避免了母兔食仔兔、蹬踏仔兔,仔兔产在笼底板上、掉在粪沟里等现象,大大提高了断奶仔兔成活率。一般地窝繁育比原来产箱繁育一只母兔平均窝可成活仔兔由6只提高到8~9只,断奶成活率可提高25%以上,断奶仔兔成活率可达95%~98%(表2、表3)。

表2　　　　　　　　　地窝繁育仔兔成活率

调查窝数	窝产仔数	断奶仔兔数	平均成活率(%)
100	789	667	84.5
20	250	190	76.0
121	1 052	787	74.8
60	488	375	76.8
104	864	774	89.6
405	3 443	2 793	80.3

表3　　　　地窝繁育与产箱繁育仔兔断奶成活率的比较

地窝繁育			产箱繁育		
每窝只数	14周成活率	成活率(%)	每窝只数	14周成活率	成活率(%)
8	7	87.5	8	3	37.5
8	7	87.5	8	3	37.5

(续表)

地窝繁育			产箱繁育		
每窝只数	14周成活率	成活率(%)	每窝只数	14周成活率	成活率(%)
8	7	87.5	8	8	100
8	7	87.5	8	5	62.5
8	8	100	8	5	62.5
平　均		90			60

（3）地窝繁育法简化了兔子繁殖操作的工作程序，减少了饲养员的劳动量，明显提高了劳动效率。地窝繁育就是在立体养殖的基础上，修建与底层笼位一对一的产仔室（即地窝），替代产箱。解决了母兔产仔、哺乳时需要看护、守候的问题；解决了母兔奶水不足时人工强制喂奶的问题，生产发育不良需防治疾病等问题。采用地窝繁育方法，一个饲养员可以轻松管理 500 只种兔，明显提高了劳动生产率。这一点对雇用他人养兔的大型兔场来说，具有十分重要的意义。这种方法适合我国大多数中、小规模养兔企业及农户养殖，也是大规模集约化养兔的重要补充。

（4）采用地窝繁育，同窝仔兔发育得健壮、整齐，提高了仔兔的成活率，也为青年兔健康、快速生长打下了良好的基础（图 8）。

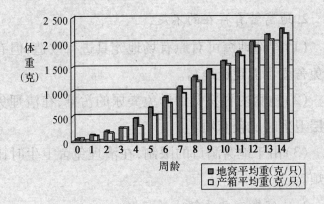

图8 不同周龄地窝繁育与产箱繁育仔兔体重的比较

(5)地窝内阴暗、安静、冬暖夏凉,是发展低碳养殖的途径。地窝繁殖母兔产仔环境要优于产仔挂箱和仔母笼的环境,不用增加夏天防暑、冬天防寒的设备,不但节约能源,还解决了种兔因冬季低温和夏季高温难以繁育的困难,做到了不受季节的约束,一年四季都可以进行繁育,提高了母兔的年产仔量。

(6)地窝繁育法解决了母兔笼内外到处有草、有毛,改善了母兔笼内的卫生环境,使兔舍内的卫生便于清理。

(7)建造地窝充分利用了兔舍空间,增加了兔舍的存栏量,增加了母兔笼的有效使用率。

(8)地窝繁育法提高了仔兔的成活率,减轻了饲养员的劳动强度,提高了工作效率,减少了饲养成本,综合经济效益十分可观。

2.地窝繁育存在的不足

（1）建造地窝可对原有场地笼具进行改造，但有一些兔舍就不能建造地窝。

（2）地窝内容易受到母兔粪尿的污染，在清理兔笼底层卫生时比较麻烦。

（3）由于地窝洞口的限制，在清理兔舍卫生时比较麻烦。

3.地窝繁育需要解决的问题

地窝防潮是件大事，如何解决地窝湿度恒定、地窝（深浅不一）内消毒问题；地窝入口在笼底板上的，如何防止母兔粪尿入窝、底层兔笼粪便清理不便的问题；地窝如何适应规模化养殖场仿生繁育生产等问题，需要认真总结经验。

4.地窝的形式与结构

地窝建造可以根据兔舍内的条件因地制宜，尽可能做到少占地、少用工、少投入、多产出。一般在兔笼前面模拟野兔洞穴，用砖砌一个深为 40～60 厘米、长宽为（30～35）厘米×25 厘米的窝。窝的一侧为通向地面母兔笼跑道出口，跑道坡度为 30°左右，宽为 13～15 厘米，高 14～17 厘米，出口设在母兔笼底板前侧的角上。地下洞开口在走道上，用砖盖住。产仔洞穴四周进行防潮处理。整个产仔洞似传统的"烟袋锅"形，可采取地下式、半地下式、地上式；按兔子出入洞口的形式,分为出口在兔笼底板上和出口开在兔笼的正面铁网上两种。

（1）地下式:地窝全部建在地下,优点是接触地气好,冬暖夏凉,但进出口坡道长,占地面积大。

（2）半地下式:地窝建造时一半在地下,既可接地气,又能节省占地空间。

（3）地上式:由于条件限制,只能在地上做地窝,模仿地下的环境。

（4）出口开在兔笼底板上:此种形式最节省空间,但兔笼内的有效使用面积小,地窝内的卫生条件较差。

（5）出口开在兔笼的正面铁网上:这种形式卫生情况较好,但兔笼的正面很难安排进出口的位置。进出口也可以设置在笼门上。

5.地窝建造的注意事项

（1）地窝建设要选择地下水位比较低,不能上水,不能过于潮湿处,又要防止从地面向地窝内流水。

（2）地窝建设不能过深,要便于检查、消毒、清理卫生。

（3）地窝进出口通道不能过长、过陡、过于狭窄。地窝内建造的尺寸要适当。尺寸过大易造成初生的仔兔不集中,乱爬,温度过低,造成仔兔吃不上奶,甚至死亡;尺寸太小时,母兔难于转身。

（4）地窝检查口和通道盖板要能封闭牢固、开启方便,既能关住兔子,又能方便清理卫生。

6.地窝养殖的管理

地窝繁育法虽然具有很多优点,但养兔的最终成败还要看人的管理,因而加强母兔舍的管理十分重要。

(1)母兔的笼子一般为立式兔笼,分为3层,底层与地窝形成一一对应相连接。上层可放临产母兔和产仔18天之内的母兔。当到仔兔生长到18天开食前,将母仔同时转移到上面上层笼位,在饲喂母兔时诱导仔兔吃食。这样可以弥补母兔的奶水不足,促进仔兔的生长。

(2)中层笼位可以安排空怀母兔或交配完和摸胚后临产前的母兔,便于检查,配种管理。

(3)腾空的地窝笼位要彻底清理粪便、杂草、兔毛、泥土、食物残渣,先用火焰彻底杀菌,再用消毒液消杀。打开地窝上盖,晾2~3天后方可再继续使用。

(4)地窝在使用前最好再进行一次火焰消毒,铺上些干草(铺草量视季节和室内的温度而定)。母兔在产仔前4~5天进窝,母兔要轻拿轻放,直接放入地窝内,关严窝门,促使母兔提前熟悉和适应地窝环境,减少应激反应。

(5)临产母兔放入地窝后,每天打开地窝盖检查,发现母兔不进地窝或者不撕毛时,要反复将母兔关入地窝内,让母兔能尽快适应地窝环境,顺利在地窝内产仔。

但是,仍会有极个别母兔不在地窝内产仔,则需要加倍注意。

(6)母兔产仔后应该及时检查清理地窝,擦干母兔血迹,清除粪便和胎盘,拿出死胎和病伤仔兔,清点数量,做好记录。地窝繁殖每窝预留仔兔 8 只为宜。

(7)地窝应在每天上午检查一次。如仔兔吃饱了,安静不动,数量又看得很清楚,最好不要去惊动它们。如地窝内看不清楚,就要检查仔兔有没有死亡的,吃没吃饱,粪便是否正常,有没有缠毛情况等,及时处理。一定要拣出死兔。

(8)要根据兔舍的温度变化情况,适当增减地窝内的垫草和兔毛。夏天可少留一些毛;冬天一定要多垫草和毛,注意防寒。

7. 不同季节地窝(仿生产仔洞)内温度变化规律

(1)春季仿生产仔洞及兔舍内外界温度的变化:由表 4 和图 9 可以看出,在春季,室外、室内、空产仔洞和有兔产仔洞一天内的平均温度分别为 19.53℃、21.47℃、20.72℃ 和 24.56℃,一天内的温差变化分别为 6.21℃、5.62℃、0.26℃、0.62℃,但均差异不显著($P > 0.05$)。其中室外一天内的温差最大,其次是室内;地下产仔洞的温度变化基本恒定,对肉兔的影响最小,较适于仔兔的生长发育。

表4	春季仿生产仔洞及兔舍内外环境温度的变化			（单位：℃）
测定时间	室外温度	室内温度	空产仔洞温度	有兔产仔洞温度
早 晨	17.33 ± 2.41	19.21 ± 1.32	20.55 ± 1.91	24.64 ± 1.54
中 午	23.54 ± 5.72	24.83 ± 3.76	20.79 ± 1.26	24.21 ± 0.31
晚 上	17.71 ± 3.18	20.38 ± 3.20	20.81 ± 2.41	24.83 ± 1.09

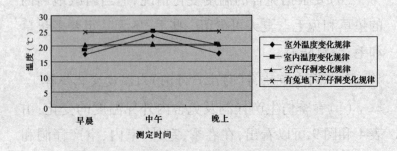

图9 春季兔舍内外环境温度的变化曲线

（2）夏季仿生产仔洞及兔舍内外温度的变化：夏季天气比较炎热，一天内温度变化比较大，一般中午的温度最高，早晨、晚上温度稍低些。由表5和图10可以看出，室外、室内、空产仔洞和有兔产仔洞一天内的平均温度分别为25.99℃、27.6℃、24.98℃、28.21℃，温差在一天内的变化分别为6.94℃、3.99℃、0.16℃、0.09℃，其中,室外和室内的温度变化均达到显著水平($P <$ 0.01);空地窝产仔洞和有兔地下窝产仔洞一天中的温度基本恒定,差异不显著($P > 0.05$),较适于仔兔的生长发育。

表5 夏季仿生产仔洞及兔舍内外环境温度的变化 (单位:℃)

测定时间	室外温度	室内温度	空产仔洞温度	有兔仿生产仔洞温度
早 晨	23.11 ± 0.99B	25.72 ± 1.31Bb	24.91 ± 0.17	28.21 ± 0.18
中 午	30.05 ± 0.59A	29.71 ± 0.84Aa	24.97 ± 0.05	28.12 ± 0.38
晚 上	24.81 ± 1.22FB	27.37 ± 1.14Ab	25.07 ± 0.13	28.30 ± 0.26

注:同列不同小写字母表示差异显著($P < 0.05$);不同大写字母表示差异极显著($P < 0.01$);相同字母表示差异不显著($P > 0.05$)。

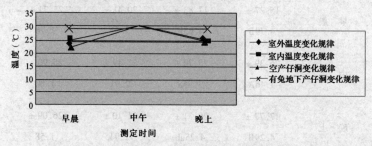

图10 夏季兔舍内外环境温度的变化曲线

(3)秋季仿生产仔洞及兔舍内外温度的变化:秋季天气日渐凉爽,日温差较大,特别是室外温度的变化最明显。由表6和图11可以看出,室外、室内、空产仔洞和有兔仿生产仔洞一天内的平均温度分别为19.81℃、20.62℃、21℃、25.9℃,温差变化幅度分别为11.12℃、5.89℃、1.08℃、0.38℃。其中,室外一天内温度变化达到极显著水平($P < 0.01$);室内温度变化与室外温度变化相比,温差稍小些,但达到显著水平($P < 0.05$);空仿生产仔洞和有兔仿生窝产仔洞一天中的温度变化较恒定,均不差异显著($P > 0.05$)。可见,地下产仔洞不仅能很好地保持内部小环境温度,而且温度变化非常小,为仔兔的生长发育提供了良好的环境。

表6　　　　　秋季仿生产仔洞温度与外界温度变化　　　（单位:℃）

测定时间	室外温度	室内温度	空产仔洞温度	有兔仿生产仔洞温度
早晨	15.27 ± 4.79B	17.83 ± 4.65b	20.41 ± 3.43	25.71 ± 1.76
中午	26.39 ± 4.46A	23.72 ± 3.95a	21.49 ± 2.91	25.90 ± 1.80
晚上	17.77 ± 4.29B	20.31 ± 4.25ab	21.10 ± 2.94	26.09 ± 1.58

注:同列不同小写字母表示差异显著($P < 0.05$);不同大写字母表示差异极显著($P < 0.01$);相同字母表示差异不显著($P > 0.05$)。

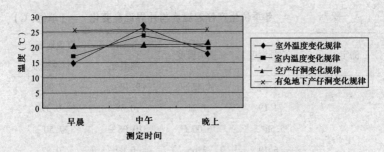

图11 秋季兔舍内外环境温度的变化曲线

（4）冬季仿生产仔洞及兔舍内外温度的变化：由表7和图12可知，冬季天气较冷，一天内温差较大，特别是室外温度受天气的影响最大，早晨和晚上的温度多在0℃以下，极不利于仔兔的生长发育。统计表明，室外、室内、空产仔洞和有兔仿生产仔洞的一天内的平均温度分别为0.21℃、5.34℃、10.07℃、17.52℃，温差变化幅度分别为8.89℃、1.53℃、0.58℃、0.31℃。由此可见，室外一天内的温度变化最大，且平均气温在0℃左右，超过了肉兔所耐受的最低临界温度，对肉兔的生长和繁殖极为不利；室内温度维持在5℃左右，也不利于哺乳期仔兔的发育。仿生地下产仔洞平均温度均高于室内和室外，其中有兔仿生产仔洞一天中平均温度维持在17.52℃，对保证冬季仔兔的正常生长和发育创造了良好的内环境。

肉
兔
产
业
先
进
技
术

表7	冬季仿生产仔洞温度与外界温度变化		（单位:℃）	
测定时间	室外温度	室内温度	空产仔 洞温度	有兔地下产 仔洞温度
早　晨	−3.33 ± 4.19	4.47 ± 1.21	9.78 ± 0.38	17.38 ± 0.39
中　午	5.56 ± 6.19	6.00 ± 2.65	10.06 ± 0.82	17.50 ± 0.87
晚　上	−1.60 ± 4.28	5.54 ± 1.09	10.36 ± 1.80	17.69 ± 1.66

注:同列不同小写字母表示差异显著($P < 0.05$);不同大写字母表示差异极显著($P < 0.01$);相同字母表示差异不显著($P > 0.05$)。

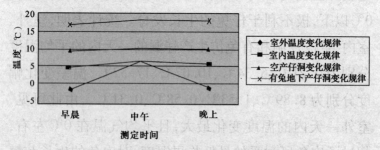

图12　冬季兔舍内外环境温度的变化曲线

三、肉兔品种资源

（一）肉兔品种分类

目前世界各国饲养的优良肉兔品种（配套系）约有40多个，主要分布在美国、法国、德国、西班牙和荷兰等养兔业发达的国家。按照不同的分类标准，可将肉兔分为不同类型的品种。按体形大小，可将肉兔分为大型品种、中型品种和小型品种。一般将成年体重5千克以上的肉兔称为大型品种，3.5～5千克的称为中型品种，而成年体重低于3.5千克的称为小型品种。按照育成程度，可将肉兔分为育成品种和地方品种。

自20世纪70年代以来，随着工厂化肉兔生产的出现，世界各国的肉兔育种工作重心正在由繁琐、漫长、高难度、高成本的品种培育转向相对简便、快捷、低成本的专门化品系培育，然后用专门化品系配套生产商品肉兔。法、德等国家先后培育出了齐卡（ZIKA）、依拉

（HYLA）、艾够（ELCO）、依普吕（HYPLUS）等世界著名的配套系。专门化品系的培育已成为欧美一些养兔业发达国家肉兔育种的主攻方向。

（二）我国肉兔品种资源现状

我国虽是世界上肉兔生产大国，兔肉产量和出口量一直雄踞世界首位，但肉兔品种资源相对匮乏。目前我国饲养的肉兔品种仅 10 多个，特别是我国自己培育出的真正经得起考验、性能优良的品种很少，与肉兔大国的地位实难相称。

目前我国的肉兔品种（配套系），依据来源和培育时间主要由三部分组成。一是 20 世纪 50 年代以来肉兔商品生产起步和稳步发展阶段从国外引进的，这部分品种或品系占到我国肉兔品种（配套系）的大部分，其中饲养量较多、影响较大的有新西兰白兔、加利福尼亚兔、弗朗德兔、比利时兔、青紫蓝兔、日本大耳兔、法国公羊兔、德国花巨兔、德国大白兔和丹麦大白兔等，齐卡、依拉、艾够和依普吕等肉兔配套系；在我国特定的气候环境条件下，经长期自然选择而成的中国白兔、福建黄兔等少数几个地方品种；20 世纪 80 年代以来我国肉兔快速发展阶段，科研和生产单位培育的一些新品种，如哈尔滨大白兔、塞北兔和安阳灰兔等。

(三)我国主要肉兔品种

1. 新西兰白兔

原产于美国俄亥俄州等地区,系用弗朗德兔、美国白兔、安哥拉兔等品种杂交选育而成,是目前世界上最著名、分布最广的肉兔品种之一,也是最常用的实验兔品种。

图 13　新西兰白兔(母兔)

新西兰白兔属典型的中型肉兔品种。理想成年体重,公兔为 4.5 千克,母兔 5.0 千克;体重允许范围,公兔 4.1 ~ 4.5 千克,母兔为 4.5 ~ 5.5 千克。该兔被毛全白,毛稍长,手感柔软,回弹性差。眼球粉红色。头粗重,嘴钝圆,额宽。两耳中等长,宽厚,略向前倾或直立。耳毛较丰厚,血管不清晰。颈短,颈肩结合良好。公兔颌下无肉髯,母兔有较小的肉髯。体躯圆筒形。胸部宽深,背部宽平。腰肋部肌肉丰满。后躯发达,臀部宽圆。

四肢强健而稍短。脚底毛粗、浓密。公兔睾丸发育良好,母兔有效乳头 4~5 对。

早期生长发育快、饲料报酬高、屠宰率高是新西兰白兔主要的生产性能特点。在以青绿饲料为主、适当补充精料的饲养管理条件下,12 周龄体重可达 2 357.50 克,平均日增重 31.51 克,全净膛屠宰率 51.45%。在消化能为 12.20 兆焦/千克、粗蛋白 18.0%、粗纤维 11.0%、钙 1.2%、磷 0.7%、含硫氨基酸 0.7%的营养水平下,12 周龄体重可达 2 747.58 克,平均日增重 37.83 克,料重比 3.15∶1,全净膛屠宰率 53.52%。

康大兔业有限公司(2006 年)对新西兰兔生长进行了测定,生长曲线如图 14 所示。

新西兰白兔性成熟一般为 4 月龄左右,适宜初配年龄 5~6 月龄,初配体重 3.0 千克以上。据测定,新西兰白兔妊娠期为 30.92 天,窝均产仔 7.25 只,仔兔初生窝重 448.58 克,初生个体重 61.87 克,21 日龄窝重 2 160 克,28 日龄断奶窝重 3 640 克,断奶个体重 590 克。

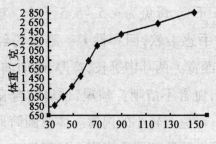

图 14　新西兰兔生长曲线

新西兰白兔对饲养管理条件要求较高,耐粗性差。在低水平营养条件下,难以发挥其早期生长速度快的优势。新西兰白兔是工厂化、规模化商品肉兔生产较为理想的品种,既可纯种繁育,又可与加利福尼亚兔、日本大耳兔、比利时兔和青紫蓝兔等品种杂交,利用杂种优势进行商品生产。

2.加利福尼亚兔

原产于美国加利福尼亚州。系用喜马拉雅兔、标准型青紫蓝兔和新西兰白兔杂交选育而成,是当今世界上饲养量仅次于新西兰白兔的著名肉兔品种。

加利福尼亚兔属中等体形,理想的成年体重和允许范围,公兔为3.6~4.5千克,母兔为3.9~4.8千克。毛色为喜马拉雅兔的白化类型。体躯被毛白色,耳、鼻端、四肢及尾部为黑褐色或灰色,故俗称"八点黑"、"八端黑"。眼球粉红色。头短额宽,嘴钝圆。耳中等长,上尖下宽,多呈"V"形上举;耳壳偏厚,绒毛厚密。颈短粗,颈肩结合良好。公兔无肉髯,母兔有较明显的肉髯。体躯呈圆筒形。胸部、肩部和后躯发育良好,肌肉丰满。四肢强壮有力,脚底毛粗、浓密、耐磨。公兔睾丸发育良好,母兔有效乳头4~5对(图15)。

加利福尼亚兔的"八点黑"特征并不是一成不变的,会随年龄、季节、饲养水平、兔舍类型和个体而变化。幼兔、老龄兔和夏季、室外饲养、营养水平较低时,"八点黑"较淡,老龄兔还会出现沙环、沙斑以及颌下肉髯呈灰色现象。有的仔兔全身被毛的毛尖呈灰色,至3月龄左右才逐渐换为纯白色。

图 15　加利福尼亚兔(母兔)

加利福尼亚兔早期生长发育较快。据测定,在以青绿饲料为主、适当补充精料的饲养管理条件下,12 周龄体重可达 2 260.5 克,平均日增重 30.5 克,全净膛屠宰率49.60%。在消化能为 12.20 兆焦/千克、粗蛋白18.0%、粗纤维11.0%、钙1.2%、磷0.7%、含硫氨基酸0.7%的营养水平下,12 周龄体重可达 2 559.2 克,平均日增重 32.59 克,料重比 3.57∶1,全净膛屠宰率52.65%。

康大兔业有限公司(2006 年)对加利福尼亚兔生长进行了测定,生长曲线如图 16 所示。

加利福尼亚兔母性好,繁殖力强,尤以泌乳力强最为突出,同窝仔兔生长发育整齐,享有"保姆兔"之美称。据测定,加利福尼亚兔妊娠期为 30.83 天,窝均产仔 7.38 只,仔兔初生窝重 419.2 克,初生个体重 56.8 克,21 日龄窝重 2 350.0 克,28 日龄断奶窝重 3 756 克,断奶个体重 559.2 克。

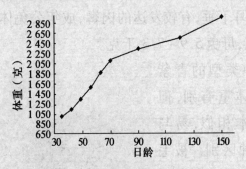

图 16 加利福尼亚兔生长曲线

加利福尼亚兔是工厂化、规模化生产较为理想的品种之一。在商品生产中,既可作为杂交父本,又可作为杂交母本。

3. 青紫蓝兔

原产于法国,采用复杂育成杂交方法选育而成,因其毛色很像产于南美洲的珍贵毛皮兽青紫蓝(Chinchilla)而得名。该品种分为标准型(小型)、美国型(中型)和巨型。首先育成的是标准型,系用蓝色贝韦伦兔、嘎伦兔和喜马拉雅兔杂交育成;美国型是从标准型青紫蓝兔中选育而成;巨型是与弗朗德兔杂交而成。

标准型青紫蓝兔体形较小,体质结实紧凑,耳短竖立,成年公兔体重2.5~3.4千克,母兔2.7~3.6千克;美国型青紫蓝兔体长中等,腰臀丰满,体质结实,成年公兔体重4.1~5.0千克,母兔4.5~5.4千克,繁殖性能较好;巨型青紫蓝兔体形大,肌肉丰满,耳长,有的一耳竖立,一耳下垂,有较发达的肉髯,成年公兔体重5.4~6.8千克,母兔5.9~7.3千克。

3种类型的青紫蓝兔虽体重有别,但毛色基本相似,易与其他品种区别。被毛总体为灰蓝色,夹有全黑和全白的粗毛,单根毛纤维由基部向毛尖依次为深灰色—

图17　青紫蓝兔

乳白色—珠灰色—雪白色—黑色5种颜色,耳尖和耳背面为黑色,眼圈、尾底和腹下为灰白色。标准型毛色较深,有黑白相间的波浪纹;中型和巨型毛色较淡且无黑白相间的波浪纹。该兔头大小适中,颜面较长,嘴钝圆,眼圆大,呈茶褐或蓝色,四肢较为粗壮(图17)。

该品种引入时间较早,适应性、耐粗饲、抗病力较强,是我国饲养量较多的肉兔品种。目前我国饲养的多为标准型和美国型以及二者的杂交种,因缺乏严格系统的选育,品种大多已严重退化,生长速度与其他品种相比有较大的差距,3月龄体重仅1.5~2.0千克,需加强选育。

4. 比利时兔

系由比利时弗朗德一带的野生穴兔驯化而成,是一古老的大型肉兔品种。成年体重4.5~6.5千克,最高可达9.0千克。其外貌特征很像野兔,被毛深红带黄褐或红褐色,整根毛的两短色深,中间色浅,而且质地坚硬,紧贴体表。耳长而直立,耳尖部带有光亮的黑色毛边。体躯和四肢较长,体躯离地面较高,善跳跃,被誉为兔中的"竞走马"(图18)。

比利时兔是比较典型的兼用品种,兼有育成品种和地方品种二者的优点。该兔有较强的适应性、耐粗性和抗病力,且繁殖力较高,生长速度也较快,深受广大养兔者的青睐,目前已

图18 比利时兔

成为我国分布面最广、饲养量最多的肉兔品种之一。据测定,在良好的饲养管理条件下,比利时兔窝均产仔8只左右,3月龄体重可达2.5千克。

比利时兔是培育肉兔品种的好材料,既可纯繁进行

商品生产,又可与其他品种配套杂交。但由于该品种世代繁衍于家庭养殖条件下,缺乏严格的选种选配措施,退化现象较严重,有待选育。

5.日本大耳兔

日本大耳兔原产于日本,系用中国白兔与日本兔杂交选育而成,是目前我国饲养量较多的肉兔品种。属中型肉兔品种,成年体重4.0~5.0千克。被毛纯白。头形清秀。耳大、薄,柳叶状,向后方竖立,血管清晰;耳根细,耳端尖,形同柳叶。眼球红色。公兔颌下无肉髯,母兔肉髯发达。

日本大耳兔引入时间较早,对我国气候和饲料条件有良好的适应性。生长发育较快,3月龄体重可达2.0~2.3千克。繁殖力较强,窝均产活仔7只。母性好,泌乳力强,亦有"保姆兔"美称,适合作为商品生产中杂交用母本。该品种的主要缺点是,骨架较大,体形欠丰满,屠宰率较低。

规模化肉兔养殖首推配套系。肉兔配套系利用了杂交优势的原理,可以发挥公母畜的最大生产潜力,使生产效益实现最大化。在欧洲一些养兔发达国家,规模化养兔均采用配套系进行生产。法国的肉兔育种技术和商业化程度最为先进,有3家具有世界影响的肉兔育种公司,即克里莫兄弟育种公司、欧洲兔业公司和艾哥育种公司。某种程度上来说,这3家公司基本上垄断了主要肉兔生产国的种兔市场（表8）。我国的一些较有实力的兔业公司在前些年已引进多个肉兔配套系,康大兔业有限公司正在致力于培育具有自主知识产权的肉兔配套系,推动了我国肉兔规模化生产对肉兔配套系的需求。

表8　　　　　　　欧洲的主要肉兔育种公司

育种公司名称	所在国家	主要产品	产品类型
Grimaud	法国	Hyplus	配套系
Eurolap	法国	Hyla	配套系
Hycole	法国	Hycole	配套系
Martini	意大利	Martini	配套系
Valencia 大学	西班牙	V 系	配套系的母系
zika	德国	Zika	配套系

利用二元或多元杂交进行商品兔生产,是小规模养殖可选的简单实用的生产方式。

(四)引进配套系的利用

近年来,山东、四川等养兔业发达的省份先后引进了国外先进的肉兔生产模式——配套系,对于提高肉兔生产效率,促进整个产业的发展,起到了积极的推动作用。但是,由于配套系的保持和提高需要完整的技术体系、足够的亲本数量和血统、良好的培育条件和过硬的育种技术,生产中易出现代系混杂现象,应引起足够重视。配套系的各个系具有不同的生产性能特点,在生产中可利用各个系的不同性能特点作为育种素材,培育抗病、高繁品种。对于引进的曾祖代兔,应加强适应性选育,选育出适应我国自然经济条件的几个纯系种兔,然后进行杂交配合力测定,形成高效率的肉兔生产配套系。对于引进的祖代兔,无法进行连续生产,应从祖代兔群中挖掘优良基因,选育出新的纯种核心群体,然后再进一步进行杂交利用。

山东伟诺集团有限公司引进伊普吕种兔后,在我国自然条件和饲养条件下都收到了良好的饲养效果,基本保持了原品种优秀的生产性状。同时,由于经历了几年的风土驯化,大大提高了对现有环境的适应能力,目前形成了两种三系配套模式。

青岛康大兔业发展有限公司利用伊拉配套系作为育种素材,进行了肉兔配套系的选育工作。项目历经4年,已在山东种畜禽测定中心进行了父母代和商品代生产性能测定,并在省内外的几个养殖场进行了商品代肉兔中试。

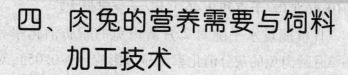

四、肉兔的营养需要与饲料加工技术

（一）肉兔营养物质的代谢与需要

1. 能量

能量是肉兔最重要的营养要素之一,主要来源于日粮中易消化利用的碳水化合物和脂肪,不足部分挪用体内贮备和日粮中的蛋白质。消化能是目前国内外最为常用的有效能衡量单位。

与其他畜禽相比,肉兔单位体重的能量需要量较高,约相当于肉牛的3倍。能量不足,会导致幼兔生长缓慢,体弱多病;母兔发情症状不明显,屡配不孕;哺乳母兔泌乳力降低,泌乳高峰期缩短;种公兔性欲降低,配种能力差。但过高的能量水平对肉兔健康和生产性能同样不利,易诱发魏氏梭菌病、妊娠毒血症、乳房炎以及性欲低下等。因此,应针对肉兔的不同生理状态给予适宜的能量水平,以保证兔体的健康和生产性能的正常发挥。

研究表明,日粮能量水平对 2~3 月龄新西兰兔的日增重影响显著,对断奶至 2 月龄和 2~3 月龄肉兔的料肉比影响显著,日增重和料肉比分别以日粮能量水平为10.46兆焦/千克和9.46兆焦/千克时最大。

日粮能量水平除对 2 月龄肉兔的脂肪消化率和 2~3 月龄肉兔的灰分消化率无显著影响($p > 0.05$),对其他营养物质消化代谢率均有显著影响($p < 0.05$)。2 月龄和 3 月龄肉兔小肠内淀粉酶和脂肪酶活性均随日粮能水平升高而增大;日粮能量水平对 2 月龄和 2~3 月龄肉兔盲肠内环境影响显著;日粮能量水平对 3 月龄肉兔的屠宰率、兔肉物理性状、兔肉蛋白质比例和灰分含量影响显著($p < 0.05$)。能量水平对兔肉硬脂酸、油酸和亚油酸含量影响显著($P < 0.05$),三指标均随能量水平升高而增大。

2. 蛋白质

蛋白质是肉兔一切生命活动的基础,对其生长和繁殖起着极为重要的作用。蛋白质是构成兔体肌肉、内脏、神经、结缔组织、血液、酶、激素、抗体、色素以及皮、毛等产品的基本成分;参与体内新陈代谢的调节,是修补体组织的必需物质;此外,蛋白质还可代替碳水化合物和脂肪供给能量。

在肉兔的代谢过程中,蛋白质具有不可替代的特殊作用,是肉兔生产效率和饲料利用率的主要限制因素。缺乏时,幼兔生长缓慢,甚至停滞,体弱多病,死亡率高;母兔发情异常,受胎率低,怪胎、弱胎和死胎率高;哺乳母兔泌乳力降低;仔兔营养不良,死亡率高;种公兔性欲减退,精液品质下降。蛋白质营养不足是目前我国肉兔生产中普遍存在的问题,必须予以足够重视。当然,日粮中蛋白质含量亦不宜过高,否则,不仅饲养成本增加,而且会使肉兔代谢紊乱,诱发肠毒血症和魏氏梭菌病等。

蛋白质的营养效应很大程度上取决于其品质,即所含的氨基酸特别是必需氨基酸的种类、数量和比例。20多年来的研究发现,肉兔的必需氨基酸有含硫氨基酸(蛋氨酸+胱氨酸)、赖氨酸、精氨酸、组氨酸、亮氨酸、异亮氨酸、苯丙氨酸+酪氨酸、苏氨酸、色氨酸、缬氨酸、甘氨酸等11种,前三种为限制性氨基酸,含硫氨基酸是第一限制性氨基酸,赖氨酸为第二限制性氨基酸。如果使用劣质蛋白质饲料源,需要量应提高20%～50%。实践证明,"两饼(粕)"、"三饼(粕)"合理搭配,可充分发挥不同饼(粕)类氨基酸的互补作用,提高日粮蛋白质的生物学价值,同时可有效降低饲养成本。

需要指出的是,肉兔盲肠微生物虽然有一定合成微生物蛋白的能力,但合成量较为有限。一只成年肉兔每天仅能合成约2克蛋白质,不足其日需要量的10%。

日粮赖氨酸水平显著影响新西兰母兔初生窝重、总产仔数、产活仔数、泌乳力和断奶窝重。新西兰母兔妊娠期赖氨酸需要量为1.10%,泌乳期为0.95%,整个繁殖期为0.95%。

3. 粗纤维

粗纤维是由纤维素、半纤维素和木质素等组成,为克服粗纤维这一指标的不确切性,有专家建议用酸性洗涤纤维作为肉兔日粮不可消化纤维指标。与粗纤维这一指标相比,酸性洗涤纤维仅含纤维素和木质素(即肉兔最难消化的两大粗纤维组分)。

肉兔盲肠较为发达,可容纳整个消化道内容物的40%,且每克内容物中含有2.5亿~29亿个微生物,是日粮粗纤维消化的适宜场所。但大量研究表明,肉兔对粗纤维的消化率仅为12%~30%,远低于牛、羊等反刍家畜。通过盲肠微生物发酵作用所产生的挥发性脂肪酸提供的能量,仅相当于每天所需能量的10%~20%。因此,对肉兔而言,粗纤维的作用并非在于它的营养供给,而主要是在维持食糜密度、消化道正常蠕动以及硬粪形成等方面所起的物理作用。

适宜的粗纤维水平,对保证肉兔健康以及良好生长、繁殖至关重要。当粗纤维缺乏(低于10%)时,虽然生长速度较快,但易发生消化紊乱,只排少量的硬粪球,主要为水分较多的非典型软粪,死亡率较高;当粗纤维严重缺乏(低于6%)时,消化严重紊乱,极易诱发魏氏梭菌病等,死亡率明显增加;当粗纤维含量过高(超过20%)时,会严重影响蛋白质等其他营养物质的消化吸收,降低生产性能,并可引发卡他性肠炎和毛球病等。

研究表明,在日粮中添加0.2%~0.4%的精氨酸,可提高断奶~2月龄生长肉兔的增重率,改善免疫性能。

4.脂肪

脂肪主要特点是含可利用能量很高,消化能含量为32.22兆焦/千克,约为玉米的2倍,麦麸的3倍。但肉兔日粮中脂肪的主要营养作用不是作为能量来源,而是供给肉兔体内不能合成的十八碳二烯酸(亚麻油酸)、十八碳三烯酸(次亚麻油酸)、二十碳四烯酸(花生油酸)3种必需脂肪酸和作为脂溶性维生素A、D、E、K代谢的载体。

肉兔对脂肪的消化利用能力很强,表观消化率达90%以上。因肉兔对脂肪的需要量不高,通常情况下常规饲料均可满足需要,不必单独添加。

据研究,在生长幼兔和哺乳母兔日粮中,特别是在冬春季节,添加1.5%~2.0%的动植物油,可促进幼兔生长,提高饲料转化率和母兔泌乳量。

5.矿物质

矿物质是由无机元素组成,肉兔体内矿物质种类很多、功能各异,是保证肉兔健康和各种生产活动的必需物质。

（1）钙（Ca）、磷（P）：钙、磷除作为骨骼和牙齿的主要成分外，对母兔繁殖亦起着重要的作用。此外，钙还参与磷、镁、氮等元素的代谢，神经和肌肉组织兴奋性的调节，心脏正常机能的维持等。磷还参与核酸、磷脂、磷蛋白、高能磷酸键、DNA 和 RNA 的合成，调节蛋白质、碳水化合物和脂肪的代谢。钙、磷在代谢中关系密切，相互促进吸收，呈协同作用。因此，肉兔日粮中不仅应供给充足量的钙、磷，而且还应保持二者适宜的比例。

钙、磷不足尤其是磷含量的缺乏在肉兔生产中常见，主要表现为幼兔生长迟缓，患异嗜癖和佝偻病；成兔易发骨软化症；母兔发情异常，屡配不孕，并可导致产后瘫痪，严重者死亡。

肉兔有忍受高钙的能力，即使钙、磷比例为 12∶1 时，也不会降低生长速度，且骨骼灰分含量正常。这是由于肉兔有区别于其他家畜的钙代谢方式，大量的钙经泌尿系统排出，体内贮存的钙较少。

肉兔可将植酸磷分解为有效磷，再通过吞食软粪被充分利用。但磷的含量不宜过高，如超过 1% 或钙∶磷低于 1.5∶1 时，会使日粮适口性降低，甚至拒食，诱发钙质沉着症。

在常规饲料中，草粉是钙、麦麸是磷的良好来源。日粮中钙的不足，通常以石粉、贝壳粉等形式补充；当缺磷或钙、磷均缺乏时，可补充骨粉、磷酸氢钙等。

（2）钠（Na）、钾（K）、氯（Cl）：钠和氯起着保持体液和酸碱平衡，维持体液渗透压，调节体液容量，参与胃酸和胆汁的形成，促进消化酶活性等作用，对水、脂肪、碳水化合物、蛋白质和矿物质的代谢产生重要影响。钠和氯缺乏时，饲料适口性差，肉兔胃肠消化功能和饲料利用效率均明显降低。幼兔被毛蓬乱，生长迟缓；成年兔体重减轻，繁殖率降低，泌乳量下降，并可引起异嗜癖。

因大多数植物性饲料中钠、氯含量较少，且肉兔对钠的代谢方式与其他肉兔家畜不同，没有贮存钠的能力，故在生产上极易缺乏。一般以食盐形式添加，添加量为日粮中的0.5%。在夏秋季节如以青草为主，精料补充料中食盐的添加量可提高到0.7%～1.0%，但不宜超过1%，以免发生中毒现象。

钾为维持体液渗透压、神经与肌肉组织兴奋活动所必需。钾是钠的拮抗物，日粮中钾：钠为（2～3）：1时对机体正常生命活动最为有利。据试验，肉兔日粮中钾含量为1%时，有助于提高粗纤维的消化能力和抗热应激能力。虽然肉兔对钾的需要量较高，不足时会引起肌肉营养不良症，但因植物性饲料中钾的含量很丰富，故在实际生产中缺钾的现象很少发生，一般不需单独添加。

（3）镁（Mg）、硫（S）、钴（Co）：肉兔体内约70%的镁存在于骨骼中，为骨骼正常发育所必需。镁也是肉兔体内焦磷酸酶、丙酮酸氧化酶、肌酸激酶和ATP酶等许多酶系统的激活剂,在碳水化合物、蛋白质、钙、磷、锰等代谢中起着重要作用。镁缺乏时,会导致幼兔生长发育不良,并出现痉挛和食毛癖现象。镁是钙、磷、锰的拮抗物,日粮中过量的钙、磷、锰对镁的吸收不利。因青绿饲料中镁的含量较低,在以青饲料为主的饲养方式下,常可发现"缺镁食毛癖",故应注意镁的添加。在生长幼兔日粮中添加0.35%的镁,不仅可预防食毛癖现象的发生,对幼兔生长还有显著的促进作用。镁虽属常量元素,一般不宜单独添加,否则会因配合不匀而影响钙、磷的吸收,降低采食量并引起腹泻。

硫是含硫氨基酸(蛋氨酸和胱氨酸)的主要成分。兔毛中含硫量约为5%,大部分以胱氨酸形式存在。硫的营养作用主要通过体内含硫有机物来实现,如含硫氨基酸参与体蛋白和某些激素的合成,硫胺素参与碳水化合物的代谢等。因植物性饲料中含硫较为丰富,且肉兔可通过盲肠微生物的作用把无机硫(如硫酸盐等)转化为蛋白硫,故一般不会发生缺硫现象。

钴是兔体正常造血机能和维生素B_{12}合成所必需的元素。在生产实践中,可通过添加含钴添加剂促进幼兔生长。

(4)铁(Fe)、铜(Cu):铁主要存在于肝脏和血液中,是血红蛋白、肌红蛋白、血色素及各种组织呼吸酶的组成成分。铁不足,生长幼兔易发生低色素小细胞性贫血。初生仔兔体内贮备有大量铁,但由于奶中含量甚微,很快就会耗尽,故在仔兔早期补饲阶段就要补铁,否则会出现亚临床"缺铁性贫血症"。除块根类饲料外,大多数植物性饲料含铁丰富,在正常饲养条件下,成年肉兔一般不需额外补铁。

铜与铁具有协同作用,主要是参与造血过程、组织呼吸、骨骼的正常发育、毛纤维角化和色素的沉着等。铜不足会导致肉兔贫血,生长迟缓,黑色被毛变灰,局部脱毛,皮肤病等,还可降低繁殖力。日粮中过高水平的维生素 C 和钼,可导致铜缺乏症。国内外大量研究表明,高剂量铜(50~250 毫克/千克)具有显著促进生长、改善饲料报酬和降低肠炎发病率的作用。肉兔对铜的耐受力很高,中毒剂量为每千克饲料 500 毫克,一般不会中毒。

(5)锌(Zn)、锰(Mn)、碘(I):锌是多种酶的辅酶成分,参与蛋白质的代谢;作为胰岛素的成分,参与碳水化合物的代谢,对繁殖有重要影响。锌缺乏时,可导致幼兔生长受阻;公兔睾丸和副性腺萎缩,精子的形成受阻;母兔繁殖机能失常,发情、排卵、妊娠能力下降。当日粮中钙或植酸盐含量过高时,易发生锌缺乏症。在肉兔常用饲料中,除幼嫩的牧草、糠麸、饼(粕)类饲料含锌较丰富外,大多植物性饲料含锌量较少,应注意添加。

锰对肉兔的生长、繁殖和造血均起着重要的作用。缺乏时,可造成幼兔骨骼发育不良,如腿弯曲、骨脆、骨髂重量减轻等;种公兔曲精细管发生萎缩,精子数量减少,性欲减退,严重者可丧失配种能力;母兔发情异常,不易受胎或产弱小仔兔。在植物性饲料中,除玉米等子实类饲料含量较低外,大多数含锰较多。日粮中钙、磷、硫过多时,会影响锰的吸收。

碘主要是用于合成甲状腺素,调节碳水化合物、蛋白质和脂肪的代谢。缺碘时,甲状腺增生肥大,甲状腺素分泌减少,影响幼兔生长和母兔繁殖。碘缺乏有较强的区域性,钙、镁含量过高亦可引起缺碘症。大量饲喂十字花科植物和三叶草,因含有大量抑制碘吸收的氰酸盐,亦可引起碘缺乏症。

据研究,在日粮中添加80毫克/千克锌,可显著提高断奶至2月龄生长兔的平均日增重,提高肉兔的免疫器官重量及免疫指数,改善肉兔的抗氧化能力和减少机体内脂质过氧化的程度。在基础日粮中添加0.925毫克/千克的碘,对肉兔的平均日增重、体长和皮张面积等3个性状有显著的促进作用。在断奶至2月龄生长肉兔日粮中添加适宜水平的碘,能够提高生长速度,改善免疫性能,添加量为每千克基础日粮0.22毫克/千克。

(6)硒(Se):硒作为谷胱甘肽过氧化酶的组成成分,有参与过氧化物的排除或解毒作用。维生素E则有限制过氧化物形成的功能。在营养方面维生素E和硒的关系甚为密切,肉兔能完全依赖维生素E的保护而免受过氧化物的损害,肉兔硒缺乏症未曾有过报道。在缺硒地区,如维生素 E 不缺乏,则硒并非必须添加。

在日粮中添加适宜水平的硒,能够改善 2～3 月龄生长肉兔的增重速度、饲料转化效率和兔肉品质,添加量≥0.15 毫克/千克有利于提高抗氧化能力。

6. 维生素

维生素可分为脂溶性(包括维生素 A、D、E、K)和水溶性(包括 B 族维生素和维生素 C)两大类。由于肉兔的消化道特点和日粮类型,维生素较易满足需要。日粮中含有 30%～60% 优质草粉(如苜蓿粉)等,即可满足脂溶性维生素的需要。B 族维生素可由日粮或"食粪癖"供给,不足时会表现缺乏症。肉兔对维生素的需要和利用能力,与品种、性别、生理状态以及饲养环境等因素有关。一般育成品种比地方品种需要维生素多,幼兔比成年兔多,公兔比母兔多,妊娠母兔比空怀母兔多,病理状态(如患球虫病)比正常状态多,室内饲养比室外饲养多。

(1)维生素 A:当肉兔缺乏维生素 A 时,首先表现繁殖障碍,如公兔性欲降低,精液品质下降;母兔不发情或发情异常,胎儿被吸收,流产、早产、死胎率高。其次是幼兔食欲不振,生长停滞,死亡率高。此外,还可出现运动失调、瘫痪、斜颈等神经症状;眼结膜发炎,甚至失明;耳软骨形成受阻,缺乏支撑力,表现一侧或两侧耳营养性下垂。肉兔对维生素 A 的需要量一般为每千克日粮 8 000～10 000 国际单位。

在下列情况下,应注意维生素 A 的补充,或胡萝卜、大麦芽、冬牧 70 黑麦、豆芽等富含胡萝卜素的青绿多汁饲料。在冬季及早春缺青季节;在全年或长期利用颗粒饲料喂兔时;在低饲养条件下,特别是日粮蛋白质、脂肪含量较低时;在高强度配种期的种公兔和繁殖母兔。

适宜的维生素 A 添加水平能提高肉兔的料重比,增强肉兔机体的抗氧化能力。断奶至 2 月龄新西兰肉兔适宜的日粮维生素 A 添加水平为6 000国际单位/千克;2～3 月龄新西兰肉兔适宜的日粮维生素 A 添加水平为 12 000 国际单位/千克;日粮维生素 A 水平达到56.4 万国际单位/千克时,连续饲喂断奶至 2 月龄新西兰肉兔 1 周,出现中毒症状以至死亡。

(2)维生素 D:主要作用是调节日粮中钙、磷的吸收。维生素 D 缺乏时,主要引起佝偻病、软骨症和母兔产后瘫痪等。幼兔和成年母兔维生素 D 的需要量为每千克体重 10 国际单位,公兔 5 国际单位;每千克日粮中含量应达到 500～1 250 国际单位。在室内笼养条件下,应特别注意维生素 D 的补充。

(3)维生素 E:又称生育酚。维生素 E 缺乏时,主要表现为繁殖障碍,如公兔睾丸变性、性欲减退、死精或无精子;母兔发情异常,受胎率很低,死胎、流产;新生仔兔死亡率高。此外,还可引起幼兔肌肉营养不良、运动失调、肝脂肪变性。肉兔对维生素 E 的需要量一般为每千克日粮 50 毫克。在某些特殊时期,尤其是夏季过后秋繁开始前 20 天,应给种公兔单独添加维生素 E 胶囊或富含维生素的添加剂。在梅雨季节,为预防肝球虫,在生长幼兔日粮中添加防球虫药的同时,应添加较高剂量的维生素 E(比正常增加 50%)。

在日粮中额外添加维生素 E 不能提高新西兰肉兔的生长性能,结合维生素 E 在体组织中的沉积和对抗氧化性能的考虑,断奶到 90 日龄新西兰肉兔日粮中维生素 E 的适宜添加量为 80 毫克/千克。

(4)维生素 K:维生素 K 具有一种很特殊的新陈代谢功能,在凝血过程中必不可少,可以防止高产母兔流产和缓解幼兔肠球虫病产生的不良影响。因维生素 K 可由盲肠微生物合成,一般不会缺乏,但在妊娠母兔和生长幼兔日粮中应注意添加维生素 K,推荐量为每千克日粮 2 毫克。

(5)维生素 C:肉兔一般不缺乏维生素 C,但在运输过后和炎热夏季,为减少应激反应,可在日粮中或饮水中添加维生素 C 每千克日粮 5 毫克。

(6)B 族维生素:包括维生素 B_1、B_2、B_3、B_5、B_6、B_7、B_{11}、B_{12} 和胆碱等,属水溶性维生素,可由盲肠微生物合

成,而且饲料中含量较为丰富,不易缺乏。但在下列情况下,为获得最佳生产性能或满足肉兔的特殊需要,仍要补充。补饲仔兔和生长幼兔因消化道发酵作用不够充分,B 族维生素的合成能力不及成年肉兔。如条件允许,最好在日粮中添加复合 B 族维生素制剂。梅雨季节,在生长幼兔日粮中添加 400 毫克维生素 B_6,具有减少肠球虫病的发病率,促进生长的效果。因换料等原因引起肉兔食欲不振、消化不良时,可在饲料或饮水中添加维生素 B_1、B_2 制剂。

7. 水

水是肉兔最重要的营养物质之一,但往往被肉兔饲养者所忽视。实践证明,供给充分而清洁的饮水,是肉兔健康生长和高效生产必不可少的物质保证。

肉兔日需水量一般为日粮干物质采食量的 1.5 ~ 2.5 倍,而哺乳母兔为 3 ~ 5 倍。若供水不足,首先表现为食欲降低(表9),进而会使种公兔性欲降低,精液品质下降;产后母兔吞食仔兔;哺乳母兔泌乳量不足;乳汁浓稠易使仔兔患急性肠炎;成年兔、青年兔肾炎发病率高;仔幼兔生长迟缓、消瘦。有研究表明,兔舍温度在 15 ~ 20℃ 条件下,如果仔兔得不到充足饮水,28 日龄断奶体重约比正常降低 20%。当饮水量被限制 25% ~ 40% 时,仔兔体重较正常低 33% ~ 35%。

表9　　　　不同饮水标准对肉兔日粮采食量的影响

试验期	对照组					试验组(正常量的75%)				
	肉兔体重(千克)	日采食量(克)	日饮水量(克)	100克料饮水量(克)	100克干物质饮水量(克)	肉兔体重(千克)	日采食量(克)	日饮水量(克)	100克料饮水量(克)	100克干物质饮水量(克)
第一周	1.94	142	223	157	199	1.85	107	158	136	174
第二周	2.17	140	218	156	197	2.01	109	158	145	184
第三周	2.38	152	259	171	217	2.18	115	158	138	176
第四周	2.64	160	282	177	221	2.38	112	158	141	180
第五周	2.86	162	300	185	231	2.55	129	181	141	179
第六周	3.06	178	315	176	221	2.67	138	181	131	169
第七周	3.25	177	319	181	226	2.74	129	181	140	179
日平均		159	274	172	217		121	168	139	177

备注:1.试验用料干物质和可消化粗蛋白分别为86.1%、14.0%。2.试验期兔舍温度维持在10℃左右。

肉兔的需水量受品种、年龄、生理状态、季节、饲料特性等诸多因素影响。一般优良品种较普通品种需水量高,大型品种较中小型品种高,生长幼兔单位体重需水量较成年兔高,哺乳母兔较妊娠母兔高,夏季较其他季节高。如在30℃的环境条件下,饮水量较20℃时约高50%,夏季哺乳母兔饮水量可高达1千克。喂颗粒饲料时需水量增加,在喂青绿多汁饲料时饮水量可适当减少,但绝不能不供水。在冬季忌给肉兔饮用冰水、雪水,最好饮用温水。满足肉兔饮水量的最佳途径是安装自动饮水装置。若采用定时饮水,每天应供水2次以上,夏季应至少增加 1 次。

(二)肉兔常用饲料营养成分

肉兔常用饲料营养成分如表 10 所示。

表 10　　　　　　肉兔常用饲料营养成分　　　　　（单位:%）

饲　料	干物质	消化能（兆焦/千克）	粗蛋白	粗纤维	粗脂肪	钙	磷	赖氨酸	蛋＋胱氨酸	苏氨酸
玉　米	88.4	14.48	8.60	2.00	2.80	0.04	0.21	0.27	0.31	0.31
高　粱	87.0	14.10	8.50	1.50	4.10	0.09	0.36	0.22	0.20	0.25
小　米	87.7	12.84	12.0	1.30	2.70	0.04	0.27	0.15	0.47	0.34
稻　谷	88.6	11.59	6.80	8.20	1.90	0.03	0.27	0.31	0.22	0.28
碎　米	87.6	14.69	6.90	1.20	3.20	0.14	0.25	0.34	0.36	0.29
大　米	87.5	14.31	8.50	0.80	3.00	0.06	0.21	0.15	0.47	0.34
大　麦	88.0	12.18	10.50	6.50	2.00	0.08	0.30	0.37	0.35	0.36
小　麦	86.1	13.60	11.10	2.40	2.40	0.05	0.32	0.33	0.44	0.34
黑　麦	87.0	12.84	11.30	8.00	1.80	0.48	0.47	0.47	0.32	0.35
青　稞	87.0	13.56	9.90	2.80	1.80	0.00	0.42	0.43	0.34	0.33
大　豆	88.8	16.57	37.1	5.10	16.30	0.25	0.55	2.30	0.95	1.41
甘薯粉	89.0	14.43	3.10	2.30	1.30	0.34	0.11	0.14	0.09	0.15
小麦麸	87.9	10.59	13.5	9.20	3.70	0.22	1.09	0.47	0.33	0.45
苜蓿草粉	89.6	6.57	15.7	13.90	1.00	1.25	0.23	0.61	0.36	0.64
紫云英草粉	88.0	6.86	22.3	19.5	4.60	1.42	0.43	0.85	0.34	0.83
槐叶粉	90.6	10.54	23.0	12.9	3.20	1.40	0.40	1.45	0.82	1.17
玉米秸粉	88.8	2.30	3.30	33.4	0.90	0.67	0.23	0.25	0.07	0.10

（续表）

饲料	干物质	消化能（兆焦/千克）	粗蛋白	粗纤维	粗脂肪	钙	磷	赖氨酸	蛋+胱氨酸	苏氨酸
青干草粉	90.6	2.47	8.90	33.7	1.10	0.54	0.25	0.31	0.21	0.32
花生秧粉	90.9	6.90	12.2	21.8	1.20	2.80	0.10	0.40	0.27	0.32
地瓜秧粉	88.0	5.23	8.10	28.5	2.70	1.55	0.11	0.26	0.16	0.27
大豆秸粉	93.2	0.71	8.90	39.8	1.00	0.87	0.05	0.31	0.12	1.08
大豆粕	89.6	13.10	45.6	5.40	1.20	0.26	0.57	2.54	1.16	1.85
大豆饼	88.2	13.56	41.6	5.70	5.40	0.32	0.50	2.45	1.08	1.74
花生粕	92.0	12.30	47.4	13.0	2.40	0.60	0.65	2.30	1.21	1.50
花生饼	89.6	14.06	43.8	5.30	8.00	0.33	0.58	1.35	0.94	1.23
黑豆饼	88.0	13.60	39.8	6.90	4.90	0.42	0.27	2.46	0.74	1.19
芝麻粕	91.7	14.02	35.4	7.20	1.10	1.49	1.16	0.86	1.43	1.32
棉紫粕	89.8	10.13	32.6	13.6	7.50	0.23	0.90	1.11	1.30	1.55
棉仁饼	92.2	11.55	32.3	15.1	6.80	0.36	0.81	1.29	0.74	1.15
菜子粕	89.8	11.46	41.4	11.8	0.90	0.79	0.98	1.11	1.30	1.55
菜子饼	92.2	11.60	37.4	10.7	7.80	0.61	0.95	1.23	1.22	1.52
蓖麻粕	80.0	8.79	31.4	33.0	1.10	0.32	0.86	0.87	0.82	0.91
椰子饼	91.2	11.21	24.7	14.4	15.10	0.04	0.06	0.51	0.53	0.58

现代农业关键创新技术丛书

肉兔产业先进技术

（续表）

饲　料	干物质	消化能（兆焦/千克）	粗蛋白	粗纤维	粗脂肪	钙	磷	赖氨酸	蛋+胱氨酸	苏氨酸
向日葵粕	90.3	10.88	35.7	22.8	1.60	0.40	0.50	1.17	1.36	1.50
向日葵饼	89.0	7.61	31.5	19.8	7.00	0.40	0.40	1.13	1.66	1.22
玉米胚饼	91.8	13.50	16.8	5.5	8.70	0.04	1.48	0.69	0.57	0.62
米糠饼	89.9	11.51	14.9	12.0	7.30	0.14	1.02	0.52	0.42	0.52
进口鱼粉	89.0	15.52	60.5	0.00	2.00	3.91	2.90	4.35	2.21	2.35
国产鱼粉	91.2	14.27	55.1	0.00	8.90	4.59	1.17	3.64	1.95	2.22
血　粉	89.3	10.92	78.0	0.00	1.40	0.30	0.23	8.07	1.14	2.78
蚕　蛹	90.5	20.71	54.6	0.00	22.00	0.02	0.53	3.07	1.23	1.86
水解羽毛粉	90.0	14.31	85.0	0.00	0.00	0.04	0.12	1.70	4.17	4.50
玉米蛋白粉	92.3	15.02	25.4	1.40	6.00	0.12	1.53	0.53	0.62	0.00
饲料酵母	91.1	16.61	45.5	5.10	1.60	1.15	1.27	2.57	1.00	2.18
甘　薯	25.0	3.68	11.00	0.90	0.30	0.13	0.05	0.13	0.11	0.00
胡萝卜	13.4	2.13	1.30	0.80	0.30	0.53	0.06	0.03	0.03	0.00
苜蓿草	19.6	2.22	14.60	5.00	0.80	0.20	0.06	0.21	0.10	0.24

（续表）

饲料	干物质	消化能（兆焦/千克）	粗蛋白	粗纤维	粗脂肪	钙	磷	赖氨酸	蛋+胱氨酸	苏氨酸
黑麦草	18.0	2.55	2.40	4.20	0.50	0.13	0.05	0.16	0.09	0.13
甘薯秧	13.0	1.13	2.10	2.50	0.50	0.20	0.05	0.07	0.03	0.07
骨粉	99.0	0.00	0.00	0.00	0.00	30.12	13.46	0.00	0.00	0.00
石粉	99.0	0.00	0.00	0.00	0.00	35.0	0.00	0.00	0.00	0.00

备注:因产地、品种、收获季节、加工工艺以及储存方法等的不同,饲料的营养成分含量会有一定的差异。该表中数值仅供参考,生产中应根据具体情况进行取舍。有条件的规模化兔场最好对品质差异较大的饲料原料,如豆粕、花生粕等蛋白质饲料,各种干草粉、花生秧粉等粗饲料,在每次购进时采样化验,以便为日粮配合提供较为准确的依据。

（三）肉兔的营养需要

1. 繁殖肉兔的营养需要

（1）种公兔的营养需要:

①非配种期:这一时期种公兔的营养需要视体况而定。对体况良好的种公兔,给予比维持需要略高的营养,每千克日粮的消化能水平以 9.20~9.62 兆焦、粗蛋白水平以 13%~14% 为宜。忌营养水平特别是能量水平过高,否则,会导致公兔过胖,睾丸发生脂肪变性,严重削弱配种能力。对体况较差的种公兔,给予较高营养水平的日粮,以利复膘。不能因为公兔暂时不配种,就不给予足够的营养。由于精子形成需要较长的时间,因

此,应特别注意种公兔营养需要的长期性和均衡性。

②配种期:根据配种强度和精液品质,确定公兔配种期的营养需要。据测定,在日配种两次、连续配种两天、休息1天的配种强度下,公兔每次射精量为0.5～1.5毫升,高者达2.0毫升,平均1毫升,每毫升含精子几千万至几亿个。要保持种公兔充沛的精力、高度的性反射、较多的射精量和优良的精液品质,就必须供给足够的各种营养物质。配种期种公兔的日粮调整,最好从配种前12～20天开始。

③能量:配种期种公兔每千克日粮中含消化能10.46兆焦,与妊娠母兔相当。

④蛋白质:蛋白质水平和品质直接影响激素的分泌和精液品质,蛋白质不足是目前种公兔配种效率低下的主要原因。配种期种公兔日粮中粗蛋白适宜含量为15%～17%,并注意蛋白质品质。

⑤维生素:多种维生素与种公兔的配种能力和精液品质有着密切关系。如长期缺乏维生素A、E,可导致种公兔性欲降低、精液密度降低、畸形率增高。维生素D缺乏,会影响机体对钙、磷的利用,间接影响精液品质。配种期种公兔日粮中,加入1万～1.2万国际单位维生素A、50毫克维生素E、800～1 000国际单位维生素D。

⑥矿物质:钙、磷、锌、镁和锰等矿物质元素的缺乏,亦会给精液品质带来不良影响。配种期种公兔日粮中,

适宜的钙、磷含量分别为 1.0%、0.5% ~ 0.6%,并添加富含锌、镁、锰等元素的专用添加剂。

(2)空怀母兔的营养需要:空怀母兔的营养需要,主要根据繁殖强度和母兔的体况而定。对采用频密和半频密繁殖、体况较差的空怀母兔,应加强营养,补饲催情。每千克日粮中消化能水平为 10.46 ~ 11.51 兆焦,粗蛋白水平为 15% ~ 16%。对年繁 5 窝以下、繁殖强度不高、体况良好的空怀母兔,给予比维持需要略高的营养水平,每千克日粮中消化能水平为 9.20 ~ 9.62 兆焦,粗蛋白水平为 13% ~ 14%。忌能量水平过高,使卵巢和输卵管周围积贮大量脂肪,影响母兔的发情、排卵和受胎。

(3)妊娠母兔的营养需要:由于妊娠母兔对营养物质的利用率较高,因此,妊娠母兔对营养物质的需要不高。据研究,妊娠母兔营养水平较高,对产仔性能不利。营养水平过高是诱发母兔妊娠毒血症的主要原因。妊娠母兔适宜的营养水平为,每千克日粮中含消化能 10.46 兆焦、粗蛋白 16%、粗纤维 14% ~ 15%、粗脂肪 2% ~ 3%、钙 1.0%、磷 0.5% ~ 0.6%,并添加富含维生素和微量元素的专用添加剂。

(4)哺乳母兔的营养需要:哺乳母兔的营养需要主要取决于泌乳性能。哺乳母兔的泌乳量在整个泌乳周期呈抛物线状变化。兔乳中的营养物质含量是其他家畜乳的 2～3 倍,可满足仔兔快速生长发育的需要。至 3 周龄前,仔兔每增重 1 千克需 1.7～2.0 千克的兔乳。

哺乳母兔每日营养需要量＝体重(千克)×(维持需要量＋泌乳需要量)

哺乳母兔维持需要量,消化能约为0.40兆焦/千克体重,可消化蛋白质约为2.0克;每产1克乳需消化能0.016兆焦/千克体重,可消化蛋白质0.17克/千克体重。体重4.5千克、日产乳180克(即日产40克乳/千克体重)的母兔,消化能需要量为:4.5×(0.40+0.016×40)=4.68兆焦,可消化蛋白质需要量为:4.5×(2.0+0.17×40)=39.60克。

哺乳母兔适宜营养量为:每千克日粮含消化能为11.51～12.13兆焦、粗蛋白18%～20%、粗纤维10%～12%、粗脂肪3%～5%、钙1.0%～1.2%、磷0.6%～0.8%、赖氨酸0.8%、含硫氨基酸0.7%、精氨酸0.8%～1.0%、钠0.2%、氯0.3%、钾0.6%、镁0.04%、铜10～50毫克、铁50～100毫克、碘0.2毫克、锰50毫克、锌70毫克、维生素A 8 000～10 000国际单位、维生素D 800国际单位、维生素E 50毫克。

2. 仔、幼兔的营养需要

(1)补饲阶段仔兔的营养需要:仔兔出生15～18天后便会跳出产箱,开始寻觅固体饲料,可给予少量鲜嫩青绿饲料诱食。3周龄后应专门配制营养丰富的仔兔补饲料。与完全依赖哺乳的仔兔相比,补饲仔兔采食颗粒饲料时摄取的干物质较多。以新西兰白兔为例,仔兔 3 周龄时,母兔平均日泌乳量约为 181 克,每只仔兔仅能采食 20 ~ 30 克乳汁,相当于 6 ~ 10 克干物质,这对于一只正处在迅速生长发育期的仔兔是远远不够的。与之相比,3 周龄的补饲仔兔每天多采食干物质 5 ~ 35 克,4 周龄时可多采食 30 ~ 60 克,可以补偿因早期(28 日龄)和超早期(23 ~ 25 日龄)断奶而损失的生长量。据试验,自补饲阶段自由采食全价颗粒饲料,分别于 28 日龄、35 日龄和 42 日龄断奶的幼兔,12 周龄出栏体重无明显差异。

补饲仔兔的营养需要量:每千克日粮消化能 11.51 ~ 12.13 兆焦、粗蛋白 20%、粗纤维 8% ~ 10%、粗脂肪 3% ~ 5%、钙 1.2%、磷 0.6% ~ 0.8%、赖氨酸 1.0%、含硫氨基酸 0.7%、精氨酸 0.8% ~ 1.0%、钠 0.2%、氯 0.3%、钾 0.6%、镁 0.04%、铜 50 ~ 200 毫克、铁 100 ~ 150 毫克、锰 30 ~ 50 毫克、锌 50 ~ 100 毫克、碘 0.2 毫克、维生素 A 1 万国际单位、维生素 D 1 000 国际单位、维生素 E 50 毫克。

(2)生长幼兔的营养需要:生长幼兔的营养需要,应根据断奶体重、预期达到的生长速度和出栏体重而定。据试验,25 ~ 84 日龄日增重 30 ~ 40 克的新西兰幼兔,每天需消化能 980.73 ~ 1347.67 千焦,可消化蛋白质 10.0 ~ 13.7 克。每增重 1 克需消化能 28.20 ~ 40.01 千焦,可消化蛋白质 0.29 ~ 0.41 克(表 11)。

表 11　　新西兰幼兔每天消化能和可消化蛋白质需要量

出栏体重(千克)	断奶体重(千克)	生长速度(克/天)					
		30		35		40	
		可消化能(千焦/千克)	可消化蛋白质(克)	可消化能(千焦/千克)	可消化蛋白质(克)	可消化能(千焦/千克)	可消化蛋白质(克)
2.00	0.40	980.73	10.0	1 054.37	10.7	1 128.01	11.5
	0.50	1 000.39	10.2	1 074.03	10.9	1 147.67	11.7
	0.60	1 020.06	10.4	1 093.70	11.1	1 167.34	11.9
	0.70	1 039.72	10.6	1 113.36	11.3	1 187.00	12.1
2.25	0.40	1 062.32	10.8	1 136.37	11.6	1 210.01	12.3
	0.50	1 081.56	11.0	1 155.62	11.8	1 229.26	12.5
	0.60	1 100.89	11.2	1 174.87	11.9	1 248.51	12.7
	0.70	1 120.06	11.4	1 194.11	12.1	1 267.75	12.9
2.5	0.40	1 143.91	11.6	1 217.54	12.4	1 291.18	13.1
	0.50	1 162.73	11.8	1 236.37	12.6	1 310.01	13.3
	0.60	1 181.56	12.0	1 255.20	12.8	1 328.84	13.5
	0.70	1 200.39	12.2	1 274.03	13.0	1 347.67	13.7

　　生长幼兔的营养需要量:每千克日粮中消化能 10.46 ~ 11.51 兆焦、粗蛋白 16% ~ 18%、粗纤维 10% ~ 14%、粗脂肪 3% ~ 5%、钙 1.0%、磷 0.5% ~ 0.6%、含硫氨基酸 0.6%、钠 0.2%、氯 0.3%、镁 0.04%、铜 50 ~ 200 毫克、铁 100 ~ 150 毫克、锰 30 ~ 50 毫克、锌 50 ~ 100 毫克、碘 0.2 毫克、维生素 A 1 万国际单位、维生素 D 1 000 国际单位、维生素 E 50 毫克。

(四) 肉兔饲养标准

目前,我国尚无肉兔饲养标准。在实际生产中,主要参考法国 F. Lebas 标准和美国 NRC 标准(表12、表13)。

表12　　　　　　　法国 F. Lebas 肉兔饲养标准

营养指标	4~12周龄 生长幼兔	哺乳兔	妊娠兔	维持量	母仔兔
消化能 (兆焦/千克)	10.46	11.30	10.46	9.2	10.46
代谢能 (兆焦/千克)	10.04	10.88	10.04	8.87	10.08
粗蛋白(%)	15	18	18	13	17
粗脂肪(%)	3	5	3	3	3
粗纤维(%)	14	12	14	15~16	14
不消化 纤维(%)	12	10	12	13	12
钙(%)	0.5	1.1	0.8	0.6	1.1
磷(%)	0.3	0.8	0.5	0.4	0.8
钾(%)	0.8	0.9	0.9		0.9
钠(%)	0.4	0.4	0.4		0.4
氯(%)	0.4	0.4	0.4		0.4
镁(%)	0.03	0.04	0.04		0.04
硫(%)	0.04				0.04
钴($\times 10^{-6}$)	1.0	1.0			1.0
铜($\times 10^{-6}$)	5.0	5.0			5.0
含硫氨基 酸(%)	0.5	0.6			0.55

肉兔产业先进技术

（续表）

营养指标	4～12周龄生长幼兔	哺乳兔	妊娠兔	维持量	母仔兔
赖氨酸(%)	0.6	0.75			0.7
精氨酸(%)	0.9	0.8			0.9
苏氨酸(%)	0.55	0.7			0.6
色氨酸(%)	0.18	0.22			0.2
组氨酸(%)	0.35	0.43			0.4
异亮氨酸(%)	0.6	0.7			0.65
苯丙氨酸＋酪氨酸(%)	1.2	1.4			1.25
缬氨酸(%)	0.7	0.85			0.8
亮氨酸(%)	1.5	1.25			1.2

表13　　美国NRC肉兔饲养标准（1994年修订）

营养指标	生长	维持	妊娠	泌乳
消化能(兆焦/千克)	10.46	8.79	10.46	10.46
总消化养分(%)	65	55	58	70
粗纤维(%)	10～12	14	10～12	10～12
脂肪(%)	2	2	2	2
粗蛋白质(%)	16	12	15	17
钙(%)	0.4		0.45	0.75
磷(%)	0.22		0.37	0.5
镁(毫克)	300～400	300～400	300～400	300～400
钾(%)	0.6	0.6	0.6	0.6
钠(%)	0.2	0.2	0.2	0.2
氯(%)	0.3	0.3	0.3	0.3
铜(毫克)	3	3	3	3

（续表）

营养指标	生长	维持	妊娠	泌乳
碘(毫克)	0.2	0.2	0.2	0.2
锰(毫克)	8.5	2.5	2.5	2.5
维生素 A(国际单位/千克)	580		>1 160	
胡萝卜素(毫克)	0.83		0.83	
维生素 E(毫克)	40		40	40
维生素 K(毫克)			0.2	
烟酸(毫克)	180			
维生素 B_6(毫克)	39			
胆碱(克)	1.2			
赖氨酸(%)	0.65			
含硫氨基酸(%)	0.6			
精氨酸(%)	0.6			
组氨酸(%)	0.3			
亮氨酸(%)	1.1			
异亮氨酸(%)	0.6			
苯丙氨酸 + 酪氨酸(%)	1.1			
苏氨酸(%)	0.6			
色氨酸(%)	0.2			
缬氨酸(%)	0.7			

　　肉兔全价料建议营养浓度和精料补充料建议营养浓度如表14、表15所示。

肉兔产业先进技术

表 14　　　　　　肉兔全价料建议营养浓度

营养指标	补料仔兔	断奶幼兔	妊娠兔	哺乳兔	空怀兔	种公兔
消化能 （兆焦/千克）	11.51 ~ 12.13	10.46 ~ 11.51	10.46	11.51 ~ 12.13	9.62	10.46
粗蛋白（%）	20	18 ~ 16	16	18 ~ 20	14	15 ~ 16
粗纤维（%）	8 ~ 10	10 ~ 14	14 ~ 15	10 ~ 12	16 ~ 20	14 ~ 15
粗脂肪（%）	3 ~ 5	3 ~ 5	2 ~ 3	3 ~ 5	2	2 ~ 3
钙（%）	1.2	1.0 ~ 1.2	1.0	1.2	0.5 ~ 0.6	1.0
磷（%）	0.6 ~ 0.8	0.5 ~ 0.6	0.5 ~ 0.6	0.6 ~ 0.8	0.3	0.5 ~ 0.6
赖氨酸（%）	1.0	1.0	0.6	0.8		0.7
含硫氨 基酸（%）	0.7	0.6	0.5	0.6		0.5
精氨酸（%）	0.8 ~ 1.0	0.8 ~ 1.0	0.7 ~ 0.9	0.8 ~ 1.0		0.8 ~ 0.9
钠（%）	0.2	0.2	0.2	0.2	0.2	0.2
氯（%）	0.3	0.3	0.3	0.3	0.3	0.3
镁（%）	0.04	0.04	0.04	0.04	0.03	0.04
铜（$\times 10^{-6}$）	50 ~ 200	50 ~ 200	10	10 ~ 50		20
铁（$\times 10^{-6}$）	100 ~ 150	100 ~ 150	50	50 ~ 100		50
锌（$\times 10^{-6}$）	50 ~ 100	50 ~ 100	50	70		70
锰（$\times 10^{-6}$）	30 ~ 50	30 ~ 50	50	50		50
维生素 A （国际单位/ 千克）	8 000 ~ 10 000	8 000 ~ 10 000	8 000	8 000 ~ 10 000	8 000	10 000 ~ 12 000
维生素 D （国际单位/ 千克）	1 000	1 000	900	1 000		1 000
维生素 E（$\times 10^{-6}$）	50	50	50	50	50	50 ~ 100

表15　　　　　　　精料补充料建议营养浓度

营养指标	补料仔兔	生长幼兔	妊娠母兔	哺乳母兔	空怀母兔	种公兔
消化能（兆焦/千克）	11.5	11.51	11.29	12.54	10.46	11.29
粗蛋白(%)	20	20	18	20	16	18
粗纤维(%)	6~8	6~8	8~10	6~8	10~12	8~10
粗脂肪(%)	5	5	4	5	4	4
钙(%)	1.1~1.2	1.0~1.2	1.0~1.2	1.0~1.2	1.0~1.2	1.0~1.2
磷(%)	0.8	0.8	0.6	0.8	0.5~0.6	0.6
赖氨酸(%)	1.1	1.0	0.9	1.1	0.8	1.0
含硫氨基酸(%)	0.8	0.8	0.6	0.8	0.6	0.7
精氨酸(%)	1.0	1.0	0.9	1.0	0.9	1.0
食盐(%)	1.0	1.0	1.0	1.0	1.0	1.0
专用添加剂(%)	1~2	1~2	1~2	1~2	/	1~2
日喂量(%)	0~20	10~50	50~75	100~150	50	50~75

(五)饲料选择与日粮配方

1. 常用饲料及其营养特性

肉兔饲料来源较为广泛,规模化生产应在了解各种饲料营养特性的基础上,科学合理搭配日粮,以满足不同类型肉兔对各种营养物质的需求,最大限度地发挥其生产潜力,获得最佳经济效益。

（1）青绿多汁饲料：水分含量 60%～90%，质地柔软，适口性好，有机物质消化率 60%～80%；富含胡萝卜素、未知促生长因子和植物激素，对肉兔生长、繁殖和泌乳等性能有良好的促进作用。紫花苜蓿、三叶草和刺槐叶等含有丰富的蛋白质，是肉兔理想的饲料来源。某些野生牧草和树叶还是廉价的中草药，对肉兔有防病治病作用。如葎草、车前草、鸡脚草、芫荽、韭菜等，可预防幼兔腹泻；蒲公英、酢浆草、野菊花等，可预防母兔乳房炎。

栽培牧草：种植栽培牧草既是解决规模化肉兔生产中饲草资源的重要途径，又是降低规模化肉兔生产成本的有效措施。主要有紫花苜蓿、子粒苋、串叶松香草、冬牧 70 黑麦、黑麦草、墨西哥玉米、苏丹草、苦荬菜等。

青刈作物类：常用的有青刈地瓜秧、青刈大豆、青刈麦苗、玉米收割前的青玉米叶等。

块根块茎类：如胡萝卜、青萝卜、南瓜、西瓜皮等。

蔬菜及下脚料：如芫荽、卷心菜、韭菜、萝卜缨、莴苣叶等。

青绿树叶类：如刺槐叶、杨树叶、柳树叶、桑叶等。

野生牧草：常见的野生牧草主要有葎草（拉拉秧、涩拉秧）、车前草（猪耳朵草）、牛尾草、狗尾草、猫尾草、鸡脚草、结缕草、马唐、蒲公英、莎草、苦菜、苦蒿、野苜蓿、野豌豆等。

在利用青绿多汁饲料时,被农药污染过的、含露水或雨水的、有毒的青绿饲料不能喂,如毒野草、芥菜、飞燕草、骆驼蓬、土豆秧、西红柿秧及蓖麻地里生长的野草等;采集后应立即摊开,防止因堆积时间太长而发热变黄、霉烂变质;最好置于草架上饲喂,以免造成浪费或引起肉兔腹泻;块根块茎类多汁饲料应切成块、丝后再喂,一次喂量不宜过多;因青绿饲料种类繁多,营养成分差异很大,最好搭配饲喂。

(2)粗饲料:粗纤维含量高,因种类和采集期的不同,粗蛋白质和维生素含量差异很大。如苜蓿干草粗蛋白含量为12%~26%,槐叶粉为18%~27%,花生秧为8%~12%,大部分野生干草为6%~12%,而玉米秸等仅为3%~5%;现蕾前刈割的紫花苜蓿干物质中粗蛋白含量高达26%,初花期刈割的一般为17%,而盛花期刈割的仅12%左右。

干草类:如苜蓿干草、羊草、野生干草等。

作物秸秆类:如晒干的花生秧、地瓜秧、豆秸等。

树叶类:如晒干的刺槐叶、杨树叶、苹果叶、桃树叶等。

首选苜蓿草粉、槐叶粉、花生秧等营养价值较高的豆科牧草(秸秆、树叶),品质很差的小麦秸、棉花秸、芦苇等最好不用;掌握适宜的采收时间,如紫花苜蓿刈割为初花期,一般野生青草和刺槐叶为8月至10月上旬;

肉兔产业先进技术

尽量缩短晒制时间,切忌雨淋;豆科牧草(秸秆)叶片在晒制过程中极易脱落,应注意收集;含单宁较高的树叶如杨树叶、柳树叶等,在全价日粮中不超过20%。

(3)蛋白质饲料:营养全面,粗蛋白含量较丰富(35%~60%),消化率高达70%~90%,必需氨基酸特别是含硫氨基酸含量较高。

植物性蛋白质饲料:如大豆、蚕豆等豆类子实,豆粕(饼)、花生粕(饼)、棉仁粕(饼)、豆腐渣等豆类加工副产品。

动物性蛋白质饲料:如鱼粉、蚯蚓、蚕蛹等。

蛋白质饲料在全价日粮中一般为15%~20%,在精料补充料中为25%~35%,过高可诱发魏氏梭菌病,过低肉兔生产性能会降低。注意豆类子实中因含抗胰蛋白酶等影响消化的物质,在使用前应加热处理;注意棉子粕(饼)、菜子粕(饼)含多种有毒物质,解毒后方可使用,并添加蛋氨酸;注意动物性蛋白质饲料成本较高、适口性较差,而且受欧盟兔肉出口的限制,一般不提倡使用。

(4)能量饲料:有效能含量较高,糠麸类饲料消化能为10.5兆焦/千克,禾本科子实类一般为13.5%~15.5兆焦/千克,而动植物油类则高达32.22兆焦/千克;粗纤维含量低,含量最高的糠麸类为10%,禾本科子实仅为1.1%~5.6%,动植物油中不含粗纤维;蛋白质含量较低,含量最高的麦类及其加工副产品为12.0%~15.5%,玉米仅为8.0%,动植物油中不含蛋白质;含磷量较高,含钙较少;含B族维生素较多,含胡萝卜素、维生素D较少。

禾本科子实:如玉米、小麦、大麦等。

糠麸类:如麦麸、小麦次粉等。

动植物油类:如猪大油、棉子油、菜子油等。

玉米在全价日粮中含量宜为15%~30%,过高极易诱发魏氏梭菌;日粮中应至少有两种以上的能量饲料搭配使用;在生长幼兔日粮中,可适当添加1%~2%动植物油。

(5)矿物质饲料:该类饲料在肉兔日粮中的比例要求较严,过高可引起中毒或其他副作用,过低起不到相应的作用。在全价饲料中,食盐的含量为0.5%,夏季可提高至0.7%~1.0%;骨粉等占1.0%~2.0%;沸石、麦饭石占3%左右。因用量较少,在日粮配制时应逐级混合均匀,以免发生中毒。

单纯补钙类:如石粉、贝壳粉等。

钙磷同补类:如骨粉、磷酸氢钙等。

食盐:补充日粮中钠和氯的不足,且有提高食欲等作用。

其他:如沸石、麦饭石、稀土等,含钙、磷、多种微量和稀有元素。

（6）饲料添加剂：注意品牌、含量、用法及有效期等，切忌乱用，以免造成浪费或发生事故；添加剂用量甚微，不宜直接拌入饲料，应逐级预混均匀；驱虫保健剂应视药物性质定期更换、交叉使用，以免产生抗药性。

目前世界养兔业发达的国家已广泛应用添加剂预混料。在我国肉兔专用添加剂预混料方面的研制与开发工作起步较晚，许多养兔场（户）随意选用猪鸡用添加剂预混料，效果不理想，还有一定的副作用。

维生素类添加剂：一般只在常年饲喂全价颗粒饲料、室内笼养、冬季缺青季节、种兔高频密配种期、运输过后或防治某些疾病等情况下添加，在以青绿饲料为基础饲料时可不添加。

氨基酸类添加剂：最常用的为蛋氨酸和赖氨酸。一般仅用于幼兔，以促进幼兔的生长。

微量元素添加剂：主要含铜、铁、锌、锰、碘、硒、钴等元素。

驱虫保健剂：如抗球虫药、抗生素等，用于防治某些疾病。

饲料防腐剂：如山梨酸、丙酸钙等。

2. 饲料原料的选择

我国饲草饲料资源十分丰富，在配制肉兔日粮时应区别选择。因不同类饲料、同类饲料不同原料营养、适口性、价格差异很大；同一种饲料原料因产地、品种、收获时间、加工(晒制)方法和保存方法的不同,内在品质亦有很大差异,各种饲料原料在肉兔日粮配方中所占比例有较大差异;棉仁粕(饼)、菜子粕(饼)等原料虽然价格便宜,但由于含有游离棉酚等有毒物质,在肉兔日粮中要限制使用。

常用饲料原料在全价配合日粮和精料补充料中适宜的含量如表 16 所示。

表 16 常用饲料原料在全价配合日粮和精料补充料中适宜的含量

饲料原料	含 量	
	全价配合日粮	精料补充料
能量饲料	40%~65%	65%~75%
玉 米	20%~35%	20%~40%
小 麦	20%~35%	20%~40%
麦 麸	10%~30%	20%~40%
大 麦	20%~40%	20%~40%
高 粱	5%~10%	10%~15%
动植物油	1%~2%	3%~4%
蛋白质饲料	15%~20%	25%~30%
豆粕(饼)	15%~20%	20%~25%
花生粕(饼)	10%~15%	15%~20%
解毒过的棉仁粕(饼)(非繁殖兔)	5%~8%	8%~12%
解毒过的菜子粕(饼)(非繁殖兔)	5%~8%	8%~12%
粗饲料	20%~60%	/
优质苜蓿粉(初花期)(CP>17%)	40%~60%	/

（续表）

饲料原料	含量	
	全价配合日粮	精料补充料
中等苜蓿粉 （13% < CP < 17%）	30%～50%	/
普通苜蓿粉（CP < 13%）	25%～45%	/
花生秧	20%～45%	/
地瓜秧	20%～40%	/
豆 秸	20%～35%	/
玉米秸（上1/3部分 和玉米叶）	20%～30%	/
刺槐叶粉（CP > 18%）	40%～60%	/
普通青干草	20%～45%	/
矿物质饲料	2%～3%	3%～4%
食 盐	0.5%～0.7%	0.7%～1.0%
骨 粉	1%～2%	2%～3%
石 粉	1%～2%	2%～3%
贝壳粉	1%～2%	2%～3%
添加剂预混料	1%	2%～3%

3. 日粮配方

（1）日粮配合的原则：

①根据肉兔的品种、年龄、生长阶段、生理状态和当地气候条件合理选择饲养标准。

②立足当地资源，就地取材，做到质优价廉。不同地区的饲料资源差异很大，在进行日粮配制时，选用当地营养丰富、价格相对低廉的饲料，配制最低成本全价日粮。

饲料品种的多样化,可弥补在某一方面营养物质的不足。一般在一种日粮中能量饲料最少选用两种,切忌单一使用玉米而造成玉米比例过高。在条件允许的情况下,蛋白质饲料最好采用"两饼(粕)"搭配。

考虑到肉兔采食量,所配的日粮容积不宜过大,否则,即使营养全面,亦会因营养浓度过低而不能满足兔对营养物质的需要。

③注意某些有毒饲料的用量、解毒方法和使用范围。如棉子饼(粕),是我国产棉区常用的一种蛋白质较丰富的饲料,但因含有游离棉酚,如果不去毒,会发生中毒现象。为安全起见,一般生长幼兔和成年母兔棉子饼(粕)解毒后的用量应控制在日粮总量的10%以内,而种公兔、哺乳母兔日粮中最好不要使用。对一些含有不良营养物质,虽然无法解毒,但仍可使用的饲料(如杨树叶、棉槐叶等),应限制用量。

④有针对性地选用添加剂,对生长幼兔尤为重要,一定要注意产品说明。

⑤配料时一定要搅拌均匀,对所占比例较少的成分(如食盐、骨粉、添加剂和预防性药物成分),先进行预混。即将这些少量成分与少量粉料(玉米面、麦麸等)拌匀,再连续3~4次逐级混合拌匀,最后再与大量的饲料混合在一起,以达到搅拌均匀的目的。

在有条件的情况下,最好将配方样品送到有关单位分析化验,这是因为某一种饲料经常因产地、加工方法的不同,各种营养物质的含量会有较大差异,使配方的计算值与其实际含量有一定的差异。如化验结果与计算值不相符,应以化验结果为准,并将其与营养需要量相比较,视情况决定是否进行调整。

生产验证是判断日粮配合科学合理与否的唯一标准。任何一种日粮配方,在无把握的情况下应先通过小群试验观察、验证,视生产效果的好坏决定该配方的取舍。如效果较好,可大规模推广应用;如效果不甚理想,则需查找原因。在原因不明的情况下,应向专家咨询,如确定是饲料原因,则应对配方进行调整。

(2)实用配方举例:如表 17 所示。

表 17　　　　　　　肉兔常用饲料配方

饲料组成(%)	种公兔 I	种公兔 II	补饲仔兔 I	补饲仔兔 II	补饲仔兔 III	生长幼兔 I	生长幼兔 II	妊娠母兔 I	妊娠母兔 II	哺乳母兔 I	哺乳母兔 II
玉米	15.0	28.5	25.0	20.0	20.0	22.0	20.0	25.5	24.5	19.0	17.5
小麦	25.0										
麦麸	19.5	25.0	19.5	14.5	16.5	18.0	14.0	16.0	13.0	15.0	14.5
豆粕	12.0	23.0	20.0	12.0	10.	19.0	10.0	20.0	10.0	16.0	10.0
花生粕	10.0			10.0		8.0		9.0		7.0	
棉子粕				10.0							
大麦根				20.0							
花生秧	15.0		32.0		20.0	38.0		35.0		45.0	
苜蓿粉		20.0		40.0			45.0		40.0		48.0

(续表)

饲料组成(%)	种公兔 I	II	补饲仔兔 I	II	III	生长幼兔 I	II	妊娠母兔 I	II	哺乳母兔 I	II
饲料酵母										2.0	
骨粉	2.0	2.0	2.0	2.0	2.0	1.5	1.5	2.0	2.0	1.5	1.5
专用添加剂	1.0	1.0	1.0	1.0	1.0	1.0	1.0	1.0	1.0	1.0	1.0
食盐	0.5	0.5	0.5	0.5	0.5	0.5	0.5	0.5	0.5	0.5	0.5

(六)饲料加工与贮存

1. 饲料加工

饲料加工的主要目的,是为了便于贮存;便于日粮配合;提高肉兔的适口性,增强食欲;提高饲料品质和利用率。饲料加工是肉兔日粮配制过程中一个重要的环节。

(1)粉碎与浸泡、压扁:粉碎是粗饲料和谷物饲料加工最为常用的方法,各种粗饲料和谷物饲料的粉碎粒度,粗饲料以粒径2～5毫米、谷物饲料以粒径1～2毫米为宜。

小麦、大麦营养全面,各种营养物质比较接近肉兔的需要,肉兔也较为喜食。但由于小麦颗粒小而坚硬,流动性强,肉兔较难采食且浪费很大。对补饲仔兔,小麦可浸泡4～8小时后沥水、压扁,待晾干后即可饲喂。据试验,用麦片给仔兔补饲,较"母仔料法"断奶体重可提高20%以上,成活率亦有较明显提高。

93

（2）蒸煮与焙炒：豆类子实及生豆饼（粕）等因含抗胰蛋白酶，必须经蒸煮或焙炒等加热处理后再饲喂，以破坏其有害成分，提高消化利用率。

（3）发芽：在冬春缺青季节，培育大麦、小麦发芽，当芽长至 3～5 厘米时便可利用，麦芽中的维生素含量较为丰富。

（4）去毒：棉仁饼、菜子饼含有较丰富的蛋白质，且价格低廉，但因含多种有毒物质，而被许多养兔场、户弃之不用。大量试验证明，只要经过较为简单地去毒处理，控制用量，完全可以"变废为宝"。根据所用棉子饼（粕）中游离棉酚的含量（螺旋压榨、加热，0.069%；预压浸提、加热，0.063%；浸提、未加热，0.159%；土榨，0.213%），在配合日粮中添加 5 倍量的七水硫酸亚铁（$FeSO_4 \cdot 7H_2O$），即可保证日粮中游离棉酚的含量低于 0.006%（60 毫克/千克饲料），避免中毒。

菜子饼去毒，主要有水洗法（饼重 4 倍量的 80℃热水浸泡 1～2 天）、碱处理法（用占饼重 1/5 的 10% 的生石灰水泡 4～6 小时）、发酵法（饼、水按 1:4 发酵 1天）、坑埋法（用等量水拌匀，放入坑内，垫 5 厘米厚的麦秸或稻草及 30 厘米厚的土，埋 2 个月）等。

（5）颗粒饲料的加工：据试验，颗粒饲料与同配方的粉状料相比，可减少饲料浪费，提高饲料利用率20%～40%，降低发病率 10% 以上，提高日增重

18%~20%。

在配合饲料自产自用的规模化肉兔场,可根据生产规模购买相应规格的小型颗粒饲料加工机自行加工。小型颗粒饲料加工机原理简单,首先按各种饲料原料规定的比例要求称重、搅拌,配合成全价粉状饲料。然后根据颗粒机的性能要求,不加或加适量(5%左右)水拌匀后,通过颗粒压制机制成颗粒饲料。因在压制过程中温度可高达80~100℃,刚压制出的颗粒料带有潮气,应及时在干净的水泥地面上摊开晾干,即可包装、入库。

颗粒饲料加工过程中应严格掌握用水量,使粉化率低于5%,颗粒饲料以粒径3~5毫米、长度10毫米左右为宜。

2. 饲料的贮存

(1)饲料原料的贮存:

①大宗饲料原料的贮存:苜蓿草粉、花生秧粉等粗饲料,玉米、小麦、大麦等谷物子实,麦麸、小麦次粉等糠麸类,豆粕(饼)、花生粕(饼)等植物性蛋白质饲料,是肉兔日粮配合最为常用的四类大宗原料,约占日粮比例的95%以上。苜蓿草粉、花生秧粉等粗饲料用量最大,占饲料总用量的30%~50%。因此,做好大宗饲料原料的贮存工作,确保饲料原料的优质、及时、足量供给,是保障规模化肉兔场饲养管理工作安全高效运转的前提。在规模化肉兔场应根据肉兔存栏和出栏量计算出

每年度(季度、月)的安全需要量,配套建设一定面积的贮存仓库,对达到入库标准的饲料原料采用适当的方法贮存。重点是做好防潮、通风换气以及防虫害、鼠害等工作,防止发霉变质,以保持原料的原有品质,确保饲料原料的安全足量供给。

大宗饲料原料的贮存一般是根据贮存饲料原料的种类及特点,安排计划贮存时间和贮存方法。苜蓿草粉、花生秧粉等粗饲料可中长期贮存,玉米、小麦、大麦等谷物子实亦可中长期贮存,豆粕(饼)、花生粕(饼)等植物性蛋白质饲料宜中短期贮存,而麦麸、小麦次粉等糠麸类一般仅限于短期贮存。一般 3 个月以上为长期贮存,1~3 个月为中期贮存,1 个月以内为短期贮存,贮存具体时间可根据各种原料的种类、特点、用量、采购的难易程度以及季节与当地天气等实际情况灵活调整。

对计划贮存时间超过 3 个月以上、长期贮存的大宗饲料原料,应用麻袋或编织袋装好后封口,放置于干燥、通风的贮存室内。在堆放时,应事先在地面上垫约 20 厘米高的垫板,以利于防潮,切忌直接在地面上堆放。保存期内,冬春季节每周一次检查、夏秋季节每周两次检查袋内温度。每次应在不同部位抽查 3 袋以上,如有发热现象应及时处理。对饼类饲料,应在离地面 20 厘米以上堆成透风花墙式,每块饼相隔 20 厘米,第二层错开茬,再按第一层摆放的方法堆放,堆放高度一般不宜超过20层。

为避免鼠害,在饲料贮存前,应彻底清除贮存间内壁、夹缝及死角,堵塞墙角漏洞,并进行密封熏蒸处理。

②磷酸氢钙、石粉、食盐等原料的贮存:磷酸氢钙、石粉、食盐等原料用量较少,且较易贮存,但要注意应远离大宗原料分别贮存,并在醒目地方标明所贮存原料的种类,不宜混在一起贮存,以免混淆。

③添加剂预混料的贮存:各类型肉兔专用添加剂预混料,应根据种类和产品特点采用适当贮存方法和贮存时间,通常在低温、干燥环境条件下贮存。维生素类添加剂预混料即使在低温、干燥条件下保存,每个月也可能自然损失5%~10%,随着贮存温度的升高而损失更大。据测定,当贮存环境在24℃时,贮存的添加剂预混料中维生素每个月损失可达10%,而在37℃时损失则高达20%。一般贮存时间延长,添加剂预混料中的不稳定成分(如维生素A、维生素E等营养成分)的损失越大,特别是在高温、高湿的贮存环境下。因此,添加剂预混料适用于中短期贮存,最好短期贮存。一次性采购量不宜过大,既便于贮存,又可保持安全有效,避免失效,甚至产生毒副作用。

(2)配合饲料的贮存:配合饲料的水分一般要求在12%以下,用双层袋包装,内用不透气的塑料袋,外用编织袋包装,在保持干燥条件下贮存。贮存间应干燥、通风、防鼠害,堆放时地面要铺垫 20 厘米以上的防潮垫层,可在地面上铺一层经过清洁消毒的稻壳、麦麸或秸秆,再铺上草席或竹席。如果配合饲料水分大于 12%,或在梅雨季节空气中湿度大,配合饲料会返潮,在常温下易发霉。

①大型饲料加工厂加工的全价颗粒饲料:因加工过程中经蒸气高温处理,可杀灭饲料原料中的大部分微生物和害虫,且间隙大、含水量低、包装好、贮存性能较佳,只要做好防潮、通风、避光贮藏工作,短期内一般不会霉变,维生素等营养成分的破坏亦较少,适宜贮存时间为3 个月以内。

②全价粉状饲料:表面积大,孔隙度小,导热性差,容易返潮,脂肪和维生素接触空气多,易被氧化,贮存时间一般不超过 1 个月。

③浓缩饲料:蛋白质丰富,含有微量元素和维生素,导热性差,易吸湿,微生物和害虫容易繁生,维生素也易被破坏。浓缩料中应加入防霉剂和抗氧化剂,以增加耐贮存性。贮存时间不宜超过 1 个月。

在配合饲料自产自用的规模化肉兔场,配合饲料一次性加工量不宜过大,一般满足 1~2 周用量即可。为提高配合饲料的防腐效果,适当延长保质期,可在配合饲料中添加丙酸钙、丙酸钠等防腐剂。

五、肉兔健康养殖技术

如果说优良的品种和合理均衡的全价饲料是养兔成功的前提,那么细致完善的饲养管理则是养兔成功的保证。饲养管理是肉兔生产的核心工作,是肉兔选育、繁殖、饲养、疾病防治等各种知识的综合应用。良种要有良法与之配套,否则,良种也会表现得平庸,甚至退化,疾病频发,导致经济效益低下。

(一)肉兔的生活习性及消化特点

1.感官及习性

肉兔的嗅觉、味觉、听觉发达,视觉较差;发情母兔可刺激公兔性欲;喜欢甜味和苦味的草、料,不爱吃带腥味的动物性饲料和发霉变质的饲料;对声音反应敏感,易受惊吓,可通过特殊声音训练建立采食、饮水等条件反射。兔舍内放音乐可增加采食量,促进消化,泌乳增加。

2.啮齿

肉兔的第一对门齿是恒齿,永不脱换,不停生长,上颌门齿每年生长约 10 厘米,下颌 12.5 厘米,需硬物磨损。

3.扒食

饲喂粉料的兔场 50% 以上,饲喂颗粒料的兔场 20%~30% 存在扒食的现象,饲料浪费严重。多是由于饲料配合不合理,混合不均,有异味等引起。生产中应注意合理搭配,充分搅拌,必要时加入调味剂,混合料、多汁料分开饲喂。

4.惯食

肉兔对经常采食的饲料有偏爱,一旦更换难以很快适应,易引起采食量减少,消化不良。消化酶和盲肠内微生物不能马上适应新的饲料类型,肠内微生物结构失调,引起腹泻和肠炎。一般不要轻易改变饲料,确需改变应逐步进行。

5.夜食

肉兔每天采食 30~40 次,夜间采食量和采食次数为全天的 60%~75%。夏季白天气温高,食欲低;冬季夜间气温低,时间长,维持需要量较高。饲喂时应做到"早上喂得早,晚上晚而饱"。

6.贪食

肉兔的胃容积大,胃壁薄,收缩力弱,幽门开口于胃的上部,胃中食糜排出较困难。特别是幼兔贪食适口性好的青绿多汁饲料,易引起消化不良,甚至腹泻。生产中应定时定量,避免过量。

7. 消化机能

肉兔的胃容积占消化道总容积的 35% 左右,为单胃动物中最大。胃排空缓慢,停喂 2 天,胃内容物仅减少 50%,具有相当的耐饥饿能力。生产中可采用每周停料 1 天的管理方式,对肉兔的采食量、生产性能等影响不大,可大大降低劳动强度和肉兔腹泻的发病率。

由于肉兔肠道的敏感性和脆弱性,在生产中兔舍的污浊潮湿、饲料霉变、饮水污染、饲料突变、腹壁受凉等均可引起肉兔消化道内环境的改变,发生腹泻和肠炎。一味地采用抗生素预防,往往适得其反。

(二)肉兔饲养管理的原则

对肉兔的日常饲养管理,必须适应肉兔的生活习性及消化特点。

1. 合理搭配,饲料多样化

相比牛、羊、猪等家畜,肉兔生长发育快,繁殖力、产肉力高,营养需要量明显要高。任何一种营养物质的缺乏或过量,都会对肉兔产生很大的影响,有时甚至是致命的。要根据各类型肉兔的生理需要,将不同种类的饲料科学搭配,方能取长补短、营养全价,即使在喂青粗饲料时亦应如此。俗话说"若让兔儿长得好,给吃多样草",就是这个道理。

2.日粮组成相对稳定,饲料变换逐渐过渡

肉兔的消化道非常敏感,饲料的突然改变往往会引起食欲下降,或贪食过多导致胃肠道疾病,因此,应保持日粮组成的相对稳定。在饲料确实需更换时,应有1周的过渡期,每次更换1/3,每次2~3天,循序渐进。

3.注意饲料品质,合理调制日粮

肉兔的饲料选择要做到"十不喂":腐烂、变质的饲料不喂;被粪尿污染的饲料不喂;沾有泥水、露水的青绿多汁饲料不喂;刚被农药污染过的饲草、树叶不喂;有毒的饲草不喂;易引起胀胃的饲料(如未经煮熟、焙炒等加热处理的豆类饲料,开花期的草木樨)不喂;易引起腹泻的多汁饲料(如大白菜、菠菜等)不宜单一或大量饲喂;冰冻的饲料不喂;发芽的土豆、染上黑斑病的地瓜不喂;含盐量较高的家庭剩菜不宜单喂。

4.定时定量,精心喂养

肉兔饲喂有自由采食和限量采食两种。在法国、德国等已普遍采用全价颗粒料,对营养需要量高的几种类型兔(如哺乳母兔、生长肥育兔等)多实行自由采食,以充分发挥其哺乳性能和生产性能。目前我国多实行限量、定时定量饲喂法,即固定每天的饲喂时间和饲喂量,使肉兔养成定时采食和排泄的习惯,并根据各类型肉兔的需要和季节特点,规定每天的饲喂次数和每次的饲喂量。原则上让兔吃饱吃好,不能忽多忽少。

定时喂兔,要根据不同季节适当调整。大兔的采食量比较恒定,定量容易把握,小兔的定量要从开始抓起。初次定量,分餐供应。观察 1～2 天,高了减,低了加。1 月龄小兔,日采食量 30 克左右。随着小兔年龄的增长,适时增加日粮量。所谓适时,就是不能每天都加量,这样做会出大问题。在冬、春、秋季,可以每隔 5～7 天每只兔一天增加 5～10 克料,视兔的采食和消化状况而定。定时定量蕴含着丰富的知识和技巧,是饲养标准化的一个方面,运用得好,可以不浪费饲料,有利于卫生(笼底、兔体相当洁净),能及时发现问题、解决问题。

5. 供足清洁饮用水

不同的季节、不同的生长阶段和生理时期,肉兔的需水量不同。夏季高温,兔散热困难,需要大量饮水来调节体温。幼兔生长发育快,体内代谢旺盛,单位体重的需水量高于成年兔;母兔产后易感口渴,如饮水不足,容易发生残食或咬死仔兔现象;兔在采食大量青绿多汁饲料后,供水量可适当减少;在喂全价颗粒饲料时,应让兔自由饮水,有条件的场(户)可安装自动饮水器。冬季最好饮温水,以免引起消化道疾病(表18、表19、表20)。

表 18　　　　气温对兔饮水量的影响

气温 （℃）	相对湿度 （%）	采食量 （克/天）	饲料利用率	饮水量 （克/天）
5	80	184	5.02	336
18	70	154	4.41	268
30	60	83	5.22	448

表 19　　　肉兔不同生理时期每天适宜的饮水量

生理时期	饮水量（升）
妊娠或妊娠初期母兔	0.25
成年公兔	0.28
妊娠后期母兔	0.57
哺乳期母兔	0.60
母兔 +7 只仔兔（6 周龄）	2.30
母兔 +7 只仔兔（8 周龄）	4.50

表 20　　　　不同年龄生长兔的需水量

周　龄	平均体重 （千克）	每日需水量 （千克）	每千克饲料平均需水量 （千克）
9	1.17	0.21	2.0
11	2.10	0.23	2.1
13 ~ 14	2.5	0.27	2.1
17 ~ 18	3.0	0.31	2.2
23 ~ 24	3.8	0.31	2.2
25 ~ 26	3.9	0.34	2.2

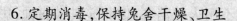

6. 定期消毒,保持兔舍干燥、卫生

肉兔是喜干燥爱清洁的小动物,肮脏潮湿的环境易导致肉兔发病,特别是某些消化道疾病、寄生虫病等。因此,每天要清扫兔舍、兔笼,并定期对兔舍内及周围地面、兔笼、食槽、水槽、产仔箱定期消毒,经常保持兔舍干燥、卫生。

因兔舍、兔笼及养兔用具的消毒间隔时间不同,不同季节要制定相应的消毒程序。冬季兔笼每月应至少消毒一次,食槽、水槽每半个月消毒一次。夏季环境潮湿,病原微生物孳生很快,消毒间隔时间缩短。兔舍地面、兔笼每半个月消毒一次,食槽、水槽每天洗刷干净,每周消毒一次。春秋季节消毒间隔介于冬夏之间。

兔场进口处要设消毒池,跨度应大于进出车轮的周长。消毒池内放置草垫,放入5%火碱溶液或20%新鲜石灰乳、5%来苏儿混合液,行人、车辆通过时消毒。兔舍入口处可设小消毒池或消毒室,消毒室内采用紫外线消毒(1瓦/米^2,消毒5~10分钟)。对于育种场等对环境条件要求很高的,还要设喷雾消毒,进入兔场的人员穿好隔离衣,在入口处进行全身喷雾消毒。兔舍地面、兔笼、墙壁的消毒方法是:先清扫、冲洗干净,然后用3%热火碱溶液(60~70℃)或5%来苏儿溶液、1:300农福液喷洒消毒。兔笼可用火焰喷灯进行火焰消毒,效果更佳。金属兔笼不用火碱消毒,以防笼具被腐蚀,影响使用寿命。兔笼底板的竹箅子可以用火碱等腐蚀性很强的药液浸泡消毒,过一段时间用清水冲去;或用清水浸泡洗刷,风干后再用火焰喷灯消毒。食槽、水槽等用具先洗刷,再用 0.05% 新洁尔灭溶液浸泡 30~60 分钟,取出用清水冲洗干净。产仔箱要在每只母兔使用后或被污染后进行消毒。木质产仔箱要先洗刷干净后,再用 0.1%~0.5% 的过氧乙酸等喷雾消毒。铁皮产仔箱可以洗刷干净后,用火焰喷灯消毒。室内可用紫外线消毒,每次 30~60 分钟;或空出兔舍,采用熏蒸法消毒,用福尔马林按每立方米空间 15~30 毫升,加等量水置于金属容器内,加热蒸发,密闭门窗 8 小时,再打开通风;或用过氧乙酸按 2~3 克/米^3,稀释成 3%~5% 的溶液,加热熏蒸后密闭 2 小时。梅雨季节,兔舍内地面可经常铺撒一层生石灰粉,既消毒又吸潮。

选择对人和兔安全,对设备没有破坏性和残留毒性的消毒剂,符合 NY 5131、NY 5133 的规定(NY/T 5131 – 2002 无公害食品 肉兔饲养兽医防疫准则、NY/T 5133 – 2002 无公害食品 肉兔饲养管理准则)。

7. 通风换气,保持兔舍空气清新

肉兔对空气质量的敏感性要高于对温度的敏感性。兔舍温度较高时,有害气体(特别是氨气、硫化氢)的浓度也随之升高,易诱发各种呼吸系统疾病,特别是传染性鼻炎。封闭式兔舍应适当加大换气量,可以使兔舍内的空气质量变好,减少传染病的发生,夏季还有利于兔舍降温。半封闭式兔舍,要做好冬季通风换气工作。对于仔兔,要避免冷风(贼风)的侵袭。兔舍小气候条件如表21所示。

表21　　　　　　　　兔舍小气候条件

温　度(℃)	繁殖兔舍、幼兔舍	8~30
	育肥兔舍	5~30
	敞开式产仔箱	>15
	封闭式产仔箱	>10
相对湿度(%)		60~65
有害气体浓度(×10^{-6})	氨气	<30
	二氧化碳	<350
	硫化氢	<10
光照强度(瓦/米^2)		1.5~2
光照时间(小时)	繁殖兔	14~16
	12~8	种公兔
	12~8	育肥兔
通风换气量(米^3/千克·小时)		2~3
空气流速(米/秒)		<0.5

8. 保持兔舍安静

肉兔胆小怕惊,突然的惊吓易引起各种不良应激,如配种受阻、母兔流产、仔兔“吊奶”、肠套叠,以及肉兔在笼内乱跑乱撞受伤等。因此,兔舍周围要保持相对安静。饲养人员操作动作要轻,进出兔舍应穿工作服,禁止穿戴颜色鲜艳的衣服。

另外,兔舍要有防兽设施,防止狗、猫、黄鼠狼、老鼠、蛇的侵害。

9.分群管理,加强检查

按肉兔品种、生产方向、年龄、性别和个体体况的强弱合理分群,便于管理,有利于兔的生长发育、选种和配种繁殖。种公兔、妊娠母兔、哺乳母兔、后备兔应单笼饲养。每天早晨喂兔前,应检查全群兔的健康状况,观察其姿态、食欲、饮水、粪便、眼睛、皮肤、耳朵及呼吸道是否正常,以便早发现病情,及时治疗。

(三)种兔饲养管理

1.种公兔的饲养管理

一只优良的种公兔在一生中可配种数十次,甚至上百次,其后代少则数百,多则数千,因此,种公兔的优劣对兔群的质量影响很大。俗话说:"公兔好,好一坡;母兔好,好一窝,"说的就是这个道理。

(1)科学饲养,提供全面、均衡的营养:种公兔的种用价值,首先取决于精液的数量和质量,而精液的数量和质量依赖于日粮的营养水平,尤其是蛋白质的质量。

精液除水分外,主要成分是蛋白质,包括白蛋白、球蛋白、黏液蛋白等。生成精液的必需氨基酸有色氨酸、组氨酸、赖氨酸、精氨酸等,性机能活动中的激素和各种腺体的分泌以及生殖器官本身,也都需要蛋白质加以修补和滋养。因此,应在公兔的日粮中加入足够的蛋白质饲料。一般种公兔日粮中蛋白质占到 15% ~ 16%,且要求氨基酸平衡。种公兔在配种期,除植物性蛋白质外,还应适当提供动物性蛋白质(如鱼粉等)。

维生素和矿物质对精液的影响也比较显著。饲料中缺乏维生素,精子量减少,异常精子增多;饲料中缺乏矿物质特别是钙,会引起精子发育不全、活力降低,公兔四肢无力;磷也是产生精液所必需;锌的缺乏会导致精子活力降低,畸形精子增多。种公兔饲料中维生素含量应比商品兔高 20% ~ 40%,如果日粮中缺乏维生素 A、D、E、B 等,可导致生殖机能紊乱,睾丸发生病理变化,阻碍精子生成,精液品质下降。体重 4.0 ~ 5.0 千克的种公兔在配种期间,每只每天需要胡萝卜素 1.6 ~ 2.0 毫克、维生素 D 400 ~ 500 国际单位,维生素 E 8 ~ 10 毫克。在公兔日粮中添加蚕蛹、麦芽、稀土等,可提高种公兔的繁殖力。

种公兔的饲养可分为非配种期和配种期。在非配种期,应给予中等营养水平的日粮,勿使种公兔过肥或过瘦,保持中等以上膘情。一般在夏季,每天每只公兔喂给 50 克精料补充料,青绿饲料自由采食。在配种前 15 ~ 20 天开始调整日粮,适当增加蛋白质饲料的比例,同时供给充足的优质青绿饲料。冬季青绿饲料缺乏,可提供一定量的胡萝卜、大麦芽或青刈麦苗等。配种旺季,要适当增加精料补充料,可补加少量动物性饲料(如鱼粉、鸡蛋等)。

总之,用作种公兔的饲料要求营养价值高,易消化,适口性好,蛋白质、矿物质和维生素等营养要满足种公兔的需要。切忌喂给体积大、难消化的饲料,以防增加消化道的负担,引起消化不良而抑制公兔的性活动。

(2)加强种公兔的选留:选作种用的公兔应来自优良亲本的后代。根据肉兔主要经济性状的遗传参数,确定合适的选种方法(表22、表23)。

表22　　　　　　　　肉兔主要经济性状遗传力 *

品　种	性　状	遗传力	品　种	性　状	遗传力
塞北兔	初生重	0.18	新西兰白兔	产活仔数	0.329
	断奶重	0.24		总产仔数	0.269
	成年体重	0.53		初生个体重	0.207
	日增重	0.32		21日龄窝重	0.173
	窝产仔数	0.19		断奶个体重	0.399
	泌乳力	0.115		初生窝重	0.364
	成年体长	0.23			
	成年胸围	0.42			

备注:* 估计方法为父系半同胞。

现代农业关键创新技术丛书

五 肉兔健康养殖技术

表 23　　　肉兔主要经济性状间的表型相关与遗传相关*

品　种	相关性状	表型相关	遗传相关
新西兰白兔	初生重与 21 日龄个体重	0.149	0.243
	初生重与断奶个体重	-0.079	0.146
	21 日龄体重与断奶个体重	0.199	0.230
	哺乳仔数与泌乳力	0.138	0.199

备注：* 估测方法为半同胞组内相关。

对于公兔，如果选择像日增重、成年体重这些遗传力都比较高的性状，可获得较好效果。多个性状同时选择时，可根据性状间的相关系数制定选择指数。

（3）掌握适宜的初配时间：种公兔的初配年龄因品种（系）的不同而有较大差异。一般中小型肉兔品种初配年龄早，大型品种晚。小型品种一般为 4~5 月龄，中型品种一般为 6~7 月龄，大型品种一般为 7~8 月龄。不论何品种，初配时体重最少不应低于成年体重的 60%；在种兔场，应掌握在 80% 以上。表 24 列举了不同品种肉兔的性成熟和初配年龄。

（4）合理安排配种强度：青年兔初配时每天 1 次，连续 2 天休息 1 天。壮年公兔 1 天 2 次，连续配种 2 天休息 1 天；或每天 1 次，连续配种 3~4 天休息 1 天。如果连续滥配，会使公兔过早失去配种能力，减少使用年限。随着采精频率的增加，精子密度和采精量显著

111

下降。

表24　　　　　　　肉兔性成熟和配种年龄

品　种	性成熟（月）	配种年龄（月）
新西兰兔	4～6	5.5～6.5
荷兰兔	3～5	4.5～5.5
比利时兔	4～6	7～8
青紫蓝兔	4～6	7～8
加利福尼亚兔	4～5	6～7
日本白兔	4～5	6～7
哈尔滨白兔	5～6	7～8
塞北兔	5～6	7～8
安阳灰兔	4～5	6～7

（5）掌握合理的配种时间：在喂料前后半小时之内不宜配种或采精。冬季最好在中午前后，春秋季节全天均可，夏季高温季节应停止配种。气温达到31℃时，公兔射精量减少，精子活力低，甚至死亡。

精液品质参数在不同季节中具有显著差异。最适繁育季节为春季和冬季的后一个半月，春季精子活力最高，浓度也大。从夏季的头两周精液品质开始下降，在秋季的头一个半月中，精液中无精子。

（6）配种方法要得当：配种时应把母兔放入公兔窝内，而不能将公兔放入母兔窝内。因为公兔到了新的环境,会分散注意力,拖延配种时间,甚至拒绝交配。

(7)影响种公兔配种能力的因素:

①遗传:种公兔繁殖性能是可以遗传的,选择种公兔时必须考虑祖先的生产性能及遗传性。

②个体差异:选择种公兔时,更重要的是看体形外貌和生殖器官的发育情况。

体形外貌:选择品种特征明显,体形结构符合其生产类型的个体。公兔胸部宽深,背腰宽广,臀部丰满,四肢强有力,肌肉结实,体质健康,发育良好,没有外形缺陷,性欲强,交配动作快。

生殖器官:公兔睾丸要匀称,雄性强,隐睾、单睾或睾丸大小不一致的都不能留种。

疾病:患有脚皮炎、疥螨病的个体不能留作种用。

③年龄:青年公兔身体尚未发育完全,配种能力较差;中年公兔(1~2岁)生殖系统、内分泌系统都已完全成熟,此时配种能力最强;老年公兔(2.5岁以上)生殖机能衰退,配种能力下降。在现代化规模饲养情况下,种兔的使用年限大为缩短,一般种公兔使用年限为2~3年。

④配种强度:如种公兔长期配种负担过重,可导致性机能衰退,精液品质下降,母兔受胎率不高;但如配种强度过小或长期闲置不配,睾丸产生精子的机能就会减退,使精子活力差、畸形精子、死精子数增加。唯有合理

使用种公兔,才能充分发挥其种用性能。

⑤营养:要保持种公兔健壮的体格和高度的性反射,就必须保证饲料营养的全价性,特别是蛋白质、维生素、矿物质营养。

2.种母兔的饲养管理

因母兔所处的生理状态不同,可分为空怀期、妊娠期和哺乳期。要根据种母兔各个时期不同的生理特点,采取相应的饲养管理操作规程。

(1)空怀期母兔的饲养管理:从幼兔断奶后到再次配种妊娠前的母兔为空怀母兔。空怀母兔饲养管理的关键是补饲催情,使其尽快复膘,利于进入下一个繁殖周期。这一时期可以适当增加精料补充料(50~75克/天),以促使母兔正常发情,为再次配种妊娠做准备。

①加强管理:适当增加光照时间,保持兔舍通风良好。冬季和早春,母兔每天光照14小时,光照强度为1.5~2瓦/米² 左右,电灯高度为2米左右,可增加母兔性激素的分泌,有利于发情受胎。

②保持母兔适当的膘情:空怀母兔要保持在七八成膘,才能保证有较高的受胎率。空怀母兔的膘情过肥,卵巢周围被脂肪包裹,卵子不易进入输卵管;过瘦的母兔体弱多病,也不易受孕。生产中要根据母兔的膘情,及时调整日粮。过肥的母兔应减少精料喂量,多喂青绿多汁饲料,并加强运动;过瘦的母兔则应增加精料喂量。

③保证维生素的需要:配种前母兔加精料补充料,以青绿饲料为主。冬季和早春淡青季节,每天可供应100克胡萝卜或冬牧70黑麦苗、大麦芽等,以保证繁殖所需维生素(A、E)的供给,促使母兔正常发情;或在日粮中添加繁殖兔专用添加剂。

④安排适宜的产后配种间隔:饲养管理条件较差的养兔场(户)可在母兔产后25~40天配种,饲养管理条件较好的场(户)可在产后9~15天配种。如母兔体况很好或产仔数较少,可交替安排血配。据试验,新西兰母兔产后25天配种,受胎率和窝产仔数显著高于产后1天配种,但母兔年提供的断奶仔兔数显著低于产后9天的配种数。

在现代规模化肉兔养殖中,35/42/49天繁育模式是国际上应用广泛的高效繁育技术。母兔不存在空怀期,对营养的要求相应提高。

⑤诱导发情:对于膘情正常,但不发情或发情不明显的母兔,在增加营养和改善饲养管理条件的同时可诱导发情。异性诱导法,每天将母兔放入公兔窝中一次,连续2~3天,通过公兔的追逐爬跨刺激,提高卵巢的活性,诱使发情。激素刺激法,肌肉注射孕马血清(15~20单位/只)、促排3号(3~5微克/只),或人绒毛膜促性腺激素(100单位/只),一次性注射。

对于经多方面处理仍不奏效的空怀母兔,应予以淘汰。

⑥选择肉兔配种最适期：母兔在发情旺期时配种，受胎率较高。"粉红早，黑紫迟，大红正当时"，说的就是这个道理。母兔发情适期应根据行为表现和阴唇黏膜颜色的变化综合判定。当母兔表现接受交配，阴唇颜色大红或稍紫、明显充血肿胀时，是配种的理想时期。

⑦重复配或双重交配：重复配是指第一次交配后，经 6~8 小时后用同一只公兔重复交配一次。双重交配是指第一次交配后，过半小时再用另一只公兔交配；或采用 2~3 只公兔的精液混合输精。双重交配只适合于商品生产兔场。

（2）妊娠母兔的饲养管理：一般母兔妊娠期为 31 天。妊娠期要根据妊娠母兔的生理特点和胎儿的生长发育规律，采取科学的饲养管理措施。

①根据母兔体况科学饲养：对妊娠前期母兔（妊娠后 1~18 天）可采取与空怀母兔一样的喂法，以青绿饲料为主，适当搭配精料补充料（50~75 克/天），以免因营养过高、母兔过胖而发生妊娠毒血症。在妊娠后期（妊娠后 19~31 天），特别要注意蛋白质、矿物质和维生素的供应。生产中要根据母兔的具体情况调整营养供给，如果母兔的体况很好，分娩前不必提高精料补充料喂量，有的还应减量，以免母兔产后奶水过多，仔兔一时吃不完而引起乳房炎；如果母兔体况不佳，特别在进

行血配时,整个妊娠期不但不应减少精料补充料的喂量,还应适当增加。

②加强护理,防止流产:母兔流产多发生于妊娠中期(15~25天),发生流产的原因很多,如突然惊吓,不正确摸胎,抓兔不当,饲料霉烂变质,冬季大量饮冷水、冰水,患某些疾病(如巴氏杆菌病、沙门杆菌病等)等。

③做好接产工作:在母兔产前3~4天,将干燥柔软的垫草放入消毒好的产仔箱内,将产仔箱放到母兔笼内或悬挂于笼外,让母兔熟悉环境,拉毛营巢。

④整理产仔箱:母兔产仔完毕后要整理产仔箱,清点仔兔,取出死胎和沾有污血的湿草,剔除弱仔和多余公兔,并将产箱底铺成如碗状的窝底。如母兔拉毛不多,应人工拔光乳头周围的毛,刺激泌乳,便于仔兔吃奶。

(3)哺乳母兔的饲养管理:母兔的泌乳性能对仔兔生长发育将是最直接的影响,因此,必须对哺乳母兔进行科学的饲养管理。

①影响母兔泌乳量的因素。

品种因素:遗传是影响母兔泌乳量最主要的因素。不同品种母兔的泌乳量差异很大。日本大耳白兔和加利福尼亚兔泌乳量较大,乳头数量多、产仔数多、护仔性强、母性好,因此常作为杂交母本。

营养因素:哺乳母兔对各种营养物质的需要量明显

高于其他类型。一只5.0千克日泌乳量250克的大型品种肉用母兔,日需要消化能6.0兆焦,可消化蛋白质52.5克,相当于日采食消化能含量为12.13兆焦/千克、粗蛋白为18.0%的日粮450~500克。在实际生产中,由于生理条件的限制,哺乳母兔日采食量很难超过400克。因此,营养不足经常成为影响母兔泌乳量的主要限制因子。营养水平过低,特别是蛋白质营养缺乏,会使母兔消瘦,体弱多病,乳腺发育不好,泌乳量下降。据测定,哺育6~8只仔兔的加利福尼亚母兔,在自由采食全价颗粒饲料的条件下,在4周的哺乳期内,泌乳量平均每天为200~250克;在每日补充100克精料补充料、自由采食青粗饲料的条件下,每天泌乳量仅为100~150克。

饮水:饮水不足,不仅会严重降低母兔泌乳量及质量,还会引起仔兔消化性下痢、母兔食仔和咬伤仔兔等现象。若母兔奶头附近粘有很多褥草,多数是因为饮水不足、奶汁过浓。据测定,日泌乳150克的母兔,在20℃时需水量为500毫升以上,在夏季为750毫升以上。日泌乳量达250克以上的母兔,在夏季的日需水量可达1 000毫升以上。

胎次:在良好的饲养管理条件下,母兔第一胎泌乳量较少,第三胎以后逐渐上升,第七、八胎后达到高峰,持续10个月,一般第十五胎后泌乳量逐渐降低。但在低营养水平条件下,第一胎的泌乳量要优于第二、三胎,有随着胎次增加而降低的趋势。这主要是由于母兔体内营养物质贮存下降造成的。在同一哺乳期内,产后3周内泌乳量逐渐增高,一般在21天左右达到高峰,以后逐渐降低,到42天泌乳量仅为高峰期的30%~40%。

应激反应:噪音、意外刺激、不规范操作和争斗等,都可导致母兔在产后第一周内拒绝哺乳。在湿热的季节,环境不适,母兔产奶量一般较少。感染乳腺炎亦可影响母兔的泌乳,甚至拒绝哺乳。生产实践表明,排除应激因素外,最理想的解决途径是限定母兔仅在哺乳时接近仔兔。

②提高母兔泌乳量的措施。

其一,供给充足的营养,特别是蛋白质。哺乳母兔全价日粮中消化能应为11.51~12.13兆焦/千克,粗蛋白不能低于18%。试验证明,在哺乳母兔日粮中添加不超过5%的动物性蛋白质饲料,可较明显提高母兔的泌乳量。在采用以青绿饲料为主、辅以精料补充料的饲养方式下,精料补充料中蛋白质含量应在20%以上,每天喂量应为100~150克,青绿多汁饲料喂量应在1千克以上。

其二,保证清洁水的不间断供应,冬季饮温水。

其三,如母兔奶汁不足,应查明原因。如是营养不足,应及时调整日粮配方,提高能量和蛋白质水平,增喂多汁饲料,并采取下列应急方法催奶。

催奶片催奶:每只母兔每天1~2片,仅适用于体况良好的母兔。

蚯蚓催奶:取活蚯蚓5~10条,剖开后用清水洗净,再在水里加适量黄酒或米酒煮熟,连同汤拌入精料补充料中,分1~2天饲喂,一般2次见效。

花生米催奶:将花生米8~10粒用温水浸泡1~2天,拌入精料补充料中,让兔自由采食,连用3~5天,效果很好。

生南瓜子催奶:生南瓜子30克,连壳捣碎,拌入精料补充料中,连喂5~7克。

黄豆催奶:每天用黄豆20~30克煮熟(或打浆后煮熟),连喂5~7克。

此外,经常饲喂蒲公英、苦荬菜、胡萝卜等青绿多汁饲料,可明显提高母兔的泌乳量。

③哺乳母兔管理措施。保持兔笼、产箱、器具的洁净卫生。消除笼具、产箱上的铁钉、木刺等锋利物,防止刺伤乳房及附近皮肤。如产箱不洁或有异味,母兔可能发生扒窝现象,扒死、咬死仔兔。遇到这种情况,应立即将仔兔取出,清理产仔箱,重新换上垫草垫料。

采用母仔隔离饲养,如果使用外挂式产箱,可在每天的哺乳时间将产箱门打开,让母兔进入产箱哺乳,待哺乳结束后关闭产箱门。如果使用木质产仔箱(即产箱放在母兔笼内），可以将产箱取出，集中放置，每天固定时间放入笼内哺乳。养成每天定时哺乳的习惯，这既可保证母兔和仔兔充分休息，又对预防仔兔"蒸窝"、肠炎和母兔乳房炎十分有利。每天观察仔兔吃奶、生长发育情况，母兔的精神状态、食欲、饮水量、粪便以及乳房周围等，及时剔除死仔弱仔。乳汁不足或过多时应采取相应对策，防止乳房炎的发生。乳汁过稠时，应增加青绿多汁饲料的喂量和饮水量；乳汁过多时，可适当增加哺乳仔兔的数量。一旦母兔瘫痪或患乳房炎，应停止哺乳，及时治疗。

（四）仔兔饲养管理

从出生到断奶期间的小兔称为仔兔。仔兔从胚胎期转变为独立生活，环境发生了巨大变化。根据仔兔各期不同的生理特点，分别做好饲养管理工作。

1. 仔兔睡眠期

仔兔从出生至 12 天左右，眼睛紧闭，除了吃奶，大部分时间在睡眠，故称为睡眠期。

（1）冬季防寒保温，创造温度适宜的小环境。在冬季及早春，舍内保温不利是初生仔兔低温致死的最主要原因。为此，在母兔冬繁时，要使产房内保持 10℃ 以上；产仔箱内铺好垫草，用兔毛遮盖好仔兔等。有条件时，可对母兔注射催产素或拔腹毛吮乳，实施定时产仔法,使母兔大多在白天产仔,提高初生仔兔成活率。

(2)让仔兔早吃奶、吃足奶。母性强的母兔一边产仔,一边哺乳。一些护仔性差的母兔,尤其是初产母兔,如果产仔后 4~5 小时母兔不喂奶,则应人工辅助。即将母兔固定在产仔箱内,保持安静,让仔兔吃奶,一天 2 次,每次 20~30 分钟,训练 3~5 天后母兔即会自动哺乳。

母兔产仔数过多时调整,一般肉用品种母兔哺乳以每窝 7~8 只为宜。对于过多的仔兔,如果初生个体重过小(不足 50 克)或公兔过多,可淘汰;对发育良好的仔兔,要找产期相近的母兔代养,先把"代奶保姆兔"拿出,再让保姆兔与其接触,一般能寄养成功。为了尽快扩大所需优良品种数量,提高良种母兔繁殖胎次,可将所需品种母兔与其他品种母兔同时配种、同时分娩,把良种仔兔部分寄养给保姆兔,使良种母兔提前配种。

仔兔出生后,若母兔死亡或患乳房炎,又找不到寄养保姆兔时,可以配制"人工乳",即以牛奶、羊奶或稀释奶粉代替兔奶。因牛奶中蛋白质、脂肪、灰分等主要营养物质含量较兔奶低(表 25),人工乳虽可将一部分仔兔喂活,但生长速度远远不如自然哺乳者。

如同窝仔兔大小不均时,应采取人工辅助哺乳法,即让体弱仔兔先吃奶,然后再让体强兔吃奶,经过一段时间后仔兔生长发育会均匀一致。

表25　　　　　　各种家畜乳的营养成分　　　（单位：克/100 克）

畜种	脂肪	蛋白质	乳糖	灰分
肉兔乳	12.2	10.4	1.8	2.0
黑白花牛乳	3.5	3.1	4.9	0.7
山羊乳	3.5	3.1	4.6	0.8
绵羊乳	10.4	6.8	3.7	0.9
猪乳	7.9	5.9	4.9	0.9
马乳	1.6	2.4	6.1	0.5
驴乳	1.3	1.8	6.2	0.4
貂乳	8.0	7.0	6.9	0.7

（3）采用母仔隔离定时哺乳法。母兔分娩后将产仔箱置于产房内，每天1～2次定时将母兔捉送至产箱内给仔兔哺乳。这样虽增大了劳动强度，但可及时观察仔兔情况，便于给仔兔创造一个舒适的生活小环境，防止"吊乳"现象的发生，并能有效防止鼠害、蛇害等，明显提高仔兔成活率。

（4）经常更换垫草，保持产箱干燥卫生。产仔箱垫草过于潮湿，可发生"蒸窝"现象，严重影响仔兔睡眠休息和生长发育，应不定期更换。

（5）预防仔兔黄尿病。1周龄内仔兔极易发生黄尿病，主要是因为仔兔吃了患有乳房炎母兔的乳汁，引起急性肠炎，以至粪便腥臭、发黄。病兔昏睡，全身发软，肛门及后躯周围被毛受到污染。一般黄尿病全窝仔兔发生，死亡率高。

（6）保持产房安静。嘈杂惊扰，易使母兔拒绝哺乳并频繁进出产仔箱，踩伤仔兔或将仔兔带出产仔箱外。

（7）每天检查仔兔吃奶、生长发育和产仔箱内垫草情况。健康仔兔的皮肤红润发亮，腹部饱满，吃饱奶后安睡不动。如果仔兔吃奶不足，就会急躁不安，在产箱内来回乱爬，头向上转来转去找奶吃，皮肤暗淡、无光、皱纹多。发现仔兔死亡应及时取出，以防母兔哺乳时感觉腹下发凉而受惊吓。

2. 仔兔开眼期

仔兔生后 12 天左右睁眼，从睁眼到断奶称为开眼期。因此阶段单靠母兔奶汁已满足不了仔兔生长发育的需要，常常紧追母兔吃奶，故又称追奶期。

（1）检查开眼情况。如果到 14 天还未开眼，说明仔兔发育欠佳，应人工辅助其睁眼。注意要先用清水冲洗软化，清除干痂，不能用手直接强行拨开，否则，会造成眼睛失明。

（2）及早给仔兔补饲。仔兔出生 15 天后便跳出产箱采食少量草料，这时供给仔兔少量营养丰富且容易消化的饲料。如用鲜嫩青绿饲料诱食，至 20 日龄后应根据仔兔生理特点专门配制营养丰富的仔兔补饲料。仔兔在 25 日龄前以吃奶为主、吃料为辅，而在 25 日龄后应转变为以吃料为主、吃奶为辅。因开食以后的仔兔易患消化道疾病，由吃奶转变为吃料应逐步过渡，不能突变;喂料量也应逐渐增加,少喂多餐,一般每天喂 5～6 次(图19)。

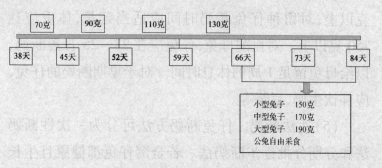

图19　仔幼兔日均采食量

(3)加强管理,预防球虫病。在夏秋季节,20 日龄以后的仔兔易发生肠型球虫病,且大多为急性过程。仔兔发病时突然倒下,两后肢、颈、背强直痉挛,头向后仰,两后肢伸直划动,发出惨叫。如不提前预防,仔兔会大批死亡。除药物预防外,还要严格管理。如母仔分养,定时哺乳,及时清粪,防止食槽、水槽被粪尿污染,兔舍、兔笼、食槽、水槽定期消毒。

(4)适时断奶。在良好的饲养管理条件下,当仔兔长到28～42 日龄、体重达到500～750 克时,即可断奶。断奶过早,会对幼兔生长发育产生一定影响;断奶过晚,也不利于母兔复膘,会影响母兔下一个繁殖周期。根据仔兔品种、生长发育情况、母兔体况及母兔是否血配等因素,确定适宜的断奶时间。一般肉兔品种的仔兔可在 28～35 日龄断奶,毛兔、皮兔品系的仔兔可在 35～42

日龄断奶。农村副业养兔,仔兔断奶时体重应在 500 克以上;集约化、半集约化养兔,仔兔断奶时体重应达 600克以上;对留种仔兔断奶时间应适当延长,体重应达750 克以上。对血配母兔,仔兔应在 23 ~ 25 日龄断奶,以给母兔留足 1 周的休息时间。对于早期断奶的仔兔,应补饮牛奶、豆浆等。

(5)适法断奶。仔兔断奶方法可分为一次性断奶法和分期分批逐步断奶法。若全窝仔兔都健康且生长发育整齐均匀,可采取一次性断奶法;在规模较大的兔场,在断奶时可将仔兔成批转至幼兔育成舍;在养兔规模较小的兔场或农户,断奶时应将仔兔留在原窝,将母兔移走,亦称原窝断奶法。原窝断奶法可防止因环境改变造成的仔兔精神不安、食欲不振等应激反应。据测定,原窝断奶法可提高断奶幼兔成活率10% ~ 15%,且生长速度较快。

在大多数情况下,一窝内仔兔生长发育不均,体重大小不一。采取分期分批断奶法,即先将体格健壮、体重较大、不留种的仔兔断奶,让弱小或留种仔兔继续哺乳数日,再全部断奶。

(6)采用地窝繁育法,提高仔幼兔成活率。近年来,有的养兔企业采用地窝繁育法饲养仔幼兔,效果较好。让母兔完全回归兔子打洞产仔的自然习性,避免了母兔产前产生惊恐不安的情绪,母兔在环境清静、光线暗淡、温度适宜的环境生产、育仔,解决了母兔产前不拉毛,母乳不足,春秋冬三季喂奶时间过长,仔兔体温下降体力减弱,仔兔张不开嘴、吃不上奶饥饿而死亡的问题;同时也解决了吊奶仔兔掉出产仔箱,不能自主返回的死亡现象。确保初生仔兔可以得到母兔很好的护理,为仔兔睡眠期和开眼期健康成长奠定了基础。采用地窝繁育方式,母兔产前拉毛多,拉毛率达到98%以上,奶水充足,泌乳护仔性能提高,仔兔能吃饱、睡好,生产发育良好。同时避免了母兔生产过程中造成的不必要伤亡(残食仔兔、蹬踏仔兔,仔兔产在笼底板上、掉在粪沟里等),大大提高了断奶仔兔成活率。

一般地窝繁育比原来产箱繁育,一只母兔平均每窝可成活仔兔由 6 只提高到 8~9 只,断奶成活率可提高25% 以上,断奶仔兔成活率可达95%~98%。

(五)生长幼兔的饲养管理

从断奶至 3 月龄阶段的肉兔称为幼兔。这一阶段突出的特点是幼兔吃奶转为吃料,不再依赖母亲而完全独立生活。此时幼兔的消化器官仍处于发育阶段,消化机能尚不完善,肠道黏膜自身保护功能尚不健全,因而抗病力差,易受多种细菌和球虫病的侵袭,是养兔生产中难度最大、问题最多的时期。规模化兔场此阶段死亡率一般为 10%~20%,而在粗放饲养管理条件下,死亡率可高达70%以上，要做好饲养管理和疾病防治工作。

1. 影响幼兔成活率的因素

（1）断奶仔兔的体况差，营养不良，独立生活能力不强，抗病力弱，一旦其他措施跟不上，就容易感染疾病而死亡。

（2）对外界环境适应能力差。断奶幼兔对生活环境、饲料的突变极为敏感，在断奶后1周内常常感到孤独，表现极为不安，食欲不振，生长停滞，消化器官易发生应激性反应，引发胃肠炎而死亡。

（3）日粮配合不合理。有的农户和兔场为了追求幼兔快速生长，盲目使用高蛋白、高能量、低纤维饲料；有的日粮虽经简单配合，但营养指标往往达不到幼兔生长要求，使幼兔营养不良、体弱多病。

（4）饲喂不当。有的养兔户和兔场在喂兔时没有严格的饲喂程序，不定时、不定量，使幼兔饥饱不匀、贪食过多，诱发胃肠炎。

（5）预防及管理措施不利，发生球虫病。球虫病是危害幼兔最严重的疾病之一，死亡率可高达70%以上，一旦发病，治疗效果不理想。

2. 提高幼兔成活率的措施

在养兔生产中，幼兔成活率直接影响经济效益以及兔业的健康发展。幼兔阶段是饲料报酬高、经济效益最大的阶段，同时也是死亡高发期。在养兔生产中，如果缺乏科学合理的饲养管理技术,饲喂次数不当,幼兔吃食过多或过少,均会对幼兔生长造成不良影响。

(1)在哺乳期内,合理调整每只母兔哺乳仔兔数量,不要单纯追求过多的哺乳只数,应确保哺乳期仔兔能吃足奶,体质强壮。生产实践证明,母兔产多少就哺乳多少的做法是不科学的,必须加以调整。

(2)始终保持母兔良好的体况,掌握适宜的繁殖强度。在养兔生产中,不宜过多追求每只母兔的年产仔数,应视母兔膘情及场(户)的具体情况,因地制宜地确定繁殖强度,否则会明显降低仔、幼兔的成活率。

(3)饲料更换应逐渐进行。在幼兔断奶后1周,腹泻发病率较高,这种情况多发生于早期断奶幼兔。为此,在断奶后第一周应维持饲料不变,继续供给仔兔补饲料;从第二周开始逐渐更换,可每两天换1/3,第三周换成生长幼兔料。

(4)配制相应的断奶幼兔料。根据幼兔生长发育的需要配制断奶兔全价饲料,这样既可满足各类型幼兔最大生长的营养需求,又可预防胃肠炎。在日粮配制时,特别应注意添加维生素、微量元素和含硫氨基酸等。

(5)建立完善的饲喂制度。断奶幼兔一般日喂4~6次,应定时定量,少喂勤添,防止消化道疾病。

(6)加强管理并注意药物预防,防止球虫病。在夏秋季节,幼兔一般从20日龄即开始预防球虫病。采取环境控制与药物预防相结合的方法,二者缺一不可。有条件的农户,可采用"架上养兔"的方法,即用竹条或镀锌铁丝做成漏粪底网,周围围栏,将网架高。既通风透光,又干燥卫生,对预防球虫病效果很好。

(7)供应充足的饮水。幼兔单位体重需水量要高于成年兔,如饮水不足,会引起体重下降,生长受阻,在高温情况下这种表现尤为明显。因此,保证饮水是幼兔快速生长的重要条件,有条件的最好使用自动饮水器,让幼兔自由饮水。

(8)合理分群,精心喂养。幼兔断奶后,应根据生产目的、体重大小、体质强弱、性别、年龄进行分群,一般每笼3~4只,不宜过多,否则会影响采食、饮水及生长发育。

(9)及时注射各种疫苗,杜绝各种传染病。断奶幼兔应及时注射兔瘟疫苗;在饲养管理条件较差的兔场应注射大肠菌苗、魏氏梭菌苗、葡萄球菌苗和预防疥螨病的药物;在封闭式兔舍,还应注射巴氏杆菌苗、波氏杆菌疫苗等。

(10)细致观察,发现异常尽早治疗。在每天喂料前,对全群幼兔进行普查一遍,主要观察采食情况、粪便和精神状态等情况。在普查结束后,对个别怀疑有病的个体进行重点检查,确定病因,及时隔离,制订严密的治疗方案。

（六）育成兔饲养管理

从 3 月龄至初配（5 ~ 7 月龄）的兔称为后备兔，又称青年兔、育成兔。这一时期兔的消化器官已得到充分锻炼，采食量大，抗病力强，一般很少患病。在饲养方面，应适当增加青粗料的比例，青粗料为主，精料为辅，以免兔过肥或过瘦，影响以后的配种繁殖。要注意矿物质饲料的补充，以免影响兔的骨骼生长。单笼饲养，防止早配。3 月龄以后的兔逐渐达到性成熟，进入初情期，但尚未达到体成熟，不宜过早配种。为防止早配、乱配，应将后备兔单笼饲养，一笼一兔。每月对后备兔进行体尺外貌和体重的测定，经测定合格后，编入核心群。对不宜作种用的个体，应及时淘汰。加强管理，预防疥螨病、脚皮炎。一旦发病，轻者及时治疗后留用，重者应严格淘汰。

（七）全进全出管理模式

国外与良种相配套的饲养管理和繁育模式为"全进全出的循环繁育模式"，即工厂化生产。全进全出的畜牧业生产方式在家禽业运用得最好，国内兔业界仅青岛康大在实施这种模式。这种生产管理模式的技术基础是繁殖控制技术和人工授精技术，在笼具和房舍的设计上也有所配合。运用这种管理技术，每个兔舍在 77

天左右就会轮流空舍空栏 10 天左右,彻底清理、清洗、消毒,疾病的发生概率会大大降低。饲养工作程序化,每周和每天的工作内容计划性很强且相对固定,便于管理。由于生产效率大大提高,员工每天的累计工作时间基本上在 8 小时左右,每周员工可以休息一天。不用每天都安排人到兔舍内值夜班护理刚出生的仔兔,值夜班的时间相对集中和固定。全进全出养殖场工作内容和时间安排相对固定。

这种全进全出的方式可以是一对兔舍之间轮换全进全出、空舍消毒,也可以是在不固定兔舍之间依次进行,每个舍的生产状态相差 1 周。

在人工授精之前对母兔实施繁殖控制技术,使之集中发情,统一进行人工授精。母兔产后第 11 天又进行人工授精,在母兔人工授精前 6 天开始从 12 小时光照增加到 16 小时光照,以促进发情,光照强度控制在 60 勒克斯。这种光照强度和时间持续到人工授精后 10 天结束,恢复到每天 12 小时光照。在人工授精前 48～50 小时用孕马血清(PMSG600)注射,每只 0.5 毫升。人工授精后即刻注射促排卵激素 0.2 毫升。在仔兔 35 日龄断奶后,将母兔(已怀孕 24 天)移至另外准备好的空舍待产,仔兔留在原兔舍育肥至 70 日龄出栏,出栏后彻底清理、清洗、消毒、空舍,等待下一批次的怀孕母兔的搬进。全进全出模式图解如图 20 所示。

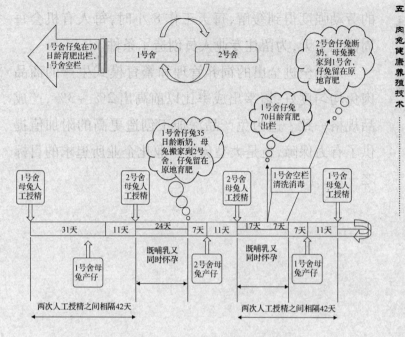

图 20　全进全出养兔模式

在全进全出的管理模式下,卫生管理和防疫也都程序化。在年初制订生产计划时,这些管理项目要逐一落实。事实上,规模化养殖企业如果实施了这种全进全出的繁育模式,疾病的发生得到有效控制,花费在疾病防控方面的成本有 70% 是消毒剂,近 20% 是疫苗费用,几乎不做大群用药,更不做个体治疗。

采用这种全进全出的管理技术,规模化养殖企业减少了 80% ~ 90% 的公兔饲养量,人均饲养母兔数量从 150 ~ 200 只提高到 300 ~ 500 只,平均每只母兔年贡献出栏商品兔从 20 只左右提高到 40 只以上。饲养人员的劳动强度得到缓解,每天工作 8 小时,每人有机会每周休息 1 天,为留住专业人员创造了条件。

采用全进全出的饲养管理和繁育模式生产的商品肉兔均匀度好,屠宰出成率比以前高出 2% ~ 3% ,产成品规格一致。这为兔产品深加工创造更高的附加值提供了有力保障,也是大型兔业产业化企业所追求的目标之一。

六、肉兔繁殖技术

肉兔性成熟早、繁殖周期短,是肉兔养殖的一大优势,而繁殖是肉兔养殖的重要环节,是提高肉兔生产经济效益的基础。掌握肉兔的生殖生理,充分发挥利用种兔的配种潜力,提高受胎率、产仔数和后代生活力,可大大提高养兔收益。

(一)肉兔生殖生理

1.肉兔生殖器官的特点

(1)公兔的生殖器官及特点:公兔生殖器官特点是一生中睾丸位置的变化。在胎儿时期,睾丸位于腹腔内,附着于腹壁。1~2月龄的幼兔,睾丸下降到腹股沟管内。由于此时睾丸尚小,从外部不易摸出,体表也未形成明显的阴囊。2.5月龄以后,睾丸即下降到阴囊内,体表可摸到成对的睾丸。肉兔的腹股沟管宽短且终生不封闭,所以睾丸可以自由地缩回腹腔或降入阴囊。

如公兔兴奋时能将两睾丸收缩到腹腔内,用手压迫腹部能将其挤回到阴囊。

在进行选种或引种时,要注意公兔的这一特点,不要把睾丸暂时缩回腹腔误认为隐睾。遇到这种情况时,只要将公兔头向上提起,用手轻拍腹部数下,或者在腹股沟管处轻轻挤压,就可以使睾丸降下来。当然,也可能遇到有的成年公兔的睾丸一直不降入到阴囊内的情况,这便是隐睾。隐睾有的是单侧隐睾,有的是双侧隐睾。双侧隐睾没有生殖能力,应及时淘汰。

(2)母兔生殖器官的特点:肉兔的子宫属于双子宫类型,即两侧子宫完全分离。左右子宫都没有子宫角和子宫体之分,两侧子宫各有一个宫颈开口于阴道。由于两个子宫互不相通,胚胎只能在同侧子宫中着床。因此,肉兔每侧子宫中附植的胚胎数不一定相等,甚至相差悬殊。

2. 初配年龄

初生的母兔生长发育到一定的年龄,卵巢才能产生卵子,即达到性成熟。肉兔因品种、性别、营养、季节等因素不同,性成熟期有差异,一般3~4月龄开始性成熟。这时公母兔生殖器官发育完善,能产生有授精能力的精子和卵子。但此时不适宜配种,因为体成熟稍落后于性成熟,身体各器官仍处于发育阶段。如过早配种,不但影响公母兔自身的生长发育,而且母兔乳汁少,所产的仔兔也小。初配时间主要取决于肉兔体重和年龄，体重更为重要。一般体重达到成年兔标准体重的 80% 左右即可配种。不同品种的肉兔适宜初配年龄不同，一般为 4~7 月龄，初配体重 2.5~3.5 千克。

3. 适时配种

母兔自性成熟后，在卵巢中每隔一段时间发育成熟许多卵子，但是这些卵子只有经过公兔交配，或试情公兔爬跨刺激后 10~12 小时才能从卵巢排出，这种现象叫刺激排卵。如果没有这种刺激，母兔便不能排卵，则成熟的卵子经过 12 天左右逐渐萎缩退化，并被周围组织吸收，同时新的卵子又不断成熟。一般母兔发情周期为 8~15 天，发情持续期 3~5 天。

母兔发情时表现兴奋不安，仰头张望，后肢击拍笼底，精神不安，食欲下降，俗称"闹圈"。一般在发情开始时，多数母兔外阴部黏膜潮红、水肿、湿润，俗话说："粉红早，黑紫迟，大红正当时。"外阴只潮红但不湿润，无光泽也不易配上；外阴呈深红色，且湿润有光泽、肿胀，则为发情旺期，这时配种最易受胎，且产仔数也高；到性欲减退，发情即将结束时，外阴逐渐变黑紫色，此时配种受胎率低。

4. 妊娠和妊娠检查

受精卵在母兔体内逐渐发育成胎儿所出现的一系列复杂的生理过程，叫做妊娠。完成这一发育过程所需的时间称为妊娠期。一般母兔妊娠期从交配后的第二天算起,平均为 30~31 天。妊娠期的长短因肉兔的品种、年龄、营养和健康状况等不同而略有差异。如大型兔比小型兔长,老年兔比青年兔长,胎儿数量少比数量多的长,营养和健康状况好的比营养和健康状况差的长。一般妊娠期为 29~35 天,不足 29 天为早产,超过 35 天为异常妊娠,平均为 31 天。

在生产实践中,常常遇到母兔接受公兔交配后乳腺发育、子宫增大,像妊娠一样,但没有胎儿,这种现象称为假妊娠。在正常妊娠时,妊娠第 16 天后黄体得到胎盘分泌的激素而继续存在下去,而假妊娠时由于母兔没胎盘,延至 16~18 天后黄体退化,于是母兔表现出临产行为,甚至乳腺分泌出一些乳汁。所以,只要母兔在交配后 16~18 天有临产行为的,即可判定为假妊娠,这时配种和分娩母兔一样,很容易接受公兔交配而受孕。

母兔交配或输精后,要及时鉴定是否受胎。检查的方法很多,有复配检查、称重检查和摸胎检查 3 种,以摸胎检查较为准确可靠。技术熟练的人,在母兔交配后 10 天即可摸到。切勿将孕兔提离地面悬空摸胎,也不要用力过重,否则容易造成流产。

摸胎的正确方法是:用左手抓住耳朵,将母兔固定在地面或桌面上,兔头部向内,另用右手作"八"字形放在母兔腹下,自前向后轻轻地沿腹壁后部两旁摸索。若腹部柔软如棉,说明没有受胎;如摸到花生大小能滑动的肉球,就是受胎。15天后可摸到几个蚕豆大小连在一起的小肉球,20天可摸到形成的胎儿。10天左右检查时注意区别胎儿与粪球,兔的粪球呈圆形或椭圆形,质硬,没有弹性,不光滑,分布面积较大;胚胎的位置比较固定,光滑柔软而有弹性,呈椭圆形。

5. 分娩

胎儿在母体内发育成熟后,由母体排出体外的生理变化过程,叫做分娩。母兔在临产前数天乳房肿胀并可挤出乳汁,外阴部充血肿胀,黏膜潮红湿润,食欲减退,甚至绝食;开始衔草作巢,并将胸、腹部毛用嘴拉下,衔入巢内铺好。初产母兔往往不会衔草拉毛营巢,此时管理人员要及时铺草,帮助母兔拉毛做窝。

母兔在凌晨分娩的较多,也有白天分娩的。母兔在临产前,表现出子宫的收缩和阵痛,精神不安,四爪刨地,弓背努责,排出胎水,仔兔便顺次连同胎衣产出。母兔边产仔边将仔兔脐带咬断,边将胎衣吃掉,同时舔干仔兔身上的血迹和胎衣,分娩结束。一般母兔每隔2~3分钟产一只仔兔,产出一窝需20~30分钟,但也有少数在1小时以上。母兔产后即跳离巢箱找水喝,所以,应在产前备足饮水,以免母兔产后口渴而又找不到水时,跳回巢箱内吃掉仔兔。

（二）肉兔繁殖季节

合理掌握好肉兔的配种繁殖季节，是提高繁殖率和仔兔成活率的重要环节。虽然大部分肉兔一年四季都可交配繁殖，但夏季气候炎热母兔食欲减退，怀孕母兔因营养不良往往造成死胎和难产等现象。虽然有的母兔能顺利分娩，但也因天热而减食，泌乳量少，影响仔兔吃奶，仔兔体质瘦弱而难以育成。同时，高温也会影响公兔的性机能，主要表现睾丸缩小，精子活力不强，精液中精子浓度降低，畸形精子增多，性欲减退，所配母兔受胎率下降，胚胎死亡率增加。

冬季气温低，夜间多在0℃以下，而且青绿饲料缺乏，营养水平下降，体质较弱，受胎率也低，所产仔兔也体质弱而缺乏生活力。冬季如无保暖设备，又在无人看护下分娩，容易使初生仔兔冻僵或冻死。因此，要加强管理，注意仔兔保暖，给予母兔充足的日粮营养，使仔兔正常发育，才能开展好冬繁。

初秋天气虽好，但此时公、母兔换毛需要大量蛋白质，体况发生了一定变化，影响公兔精液的形成，母兔的发情、排卵、体内胚胎发育以及泌乳也受到影响。所以，初秋不宜配种，推迟到深秋配种较好。春季气温暖和、饲料丰富，是肉兔繁殖的最好季节。从早春开始，可以一季内配上二胎，而且成活率和育成率都高。

怎样做到有计划的繁殖,应根据当地的气候条件、兔场的具体情况及饲料来源拟定繁殖计划。

(三)配种技术

肉兔的配种方法分自然交配、人工辅助交配和人工授精3种。

1. 自然交配

将发情的母兔放到公兔笼内,任其自行交配。公兔会立即追求母兔,母兔开始先退避几步,若发情母兔不动,很快让公兔爬跨,后肢撑起,举尾迎合,公兔阴茎插入母兔阴道内很快射精。射精时公兔会发出"咕"的一声叫,随即后肢蜷缩,向母兔的一侧倒下或从母兔背上滑下。

2. 人工辅助交配

如遇母兔不愿交配,除发情征状不明显外,可采取人工辅助方法强制配种。进行交配时,需要一个安静的场所,避免干扰。配种员用左手抓住母兔的耳朵和颈部皮肤,右手伸入母兔腹下,用食指和中指夹住母兔的尾巴并将尾巴拨向一边,暴露会阴。将臀部稍微托起固定,便于公兔交配。

3. 人工授精

人工授精是肉兔繁殖改良最经济、最迅速、最科学的方法。肉兔人工授精可提高优良品种公兔的利用效率,迅速提高兔群质量;减少公兔的饲养头数,降低饲养成本;避免传染病,特别是生殖器官疾病;提高受胎率和产仔数。兔的人工授精过程基本与马、牛、羊、猪相同,也有自身的特点。

(1)采精前的准备:首先用竹管、橡皮管或塑料管制成长10~12厘米的假阴道外壳,内胎用14~16厘米长的圆筒薄胶皮或避孕套等代替。集精管可用口径适当的小试管或废弃的抗生素小瓶代替。假阴道在采精前要仔细检查,无破损漏气,然后用70%酒精彻底消毒内胎。待酒精挥发后,安装集精管(集精管可用开水煮沸),最后用1%氯化钠溶液冲洗2~3次。

安装好假阴道,消毒冲洗后加入50~55℃热水,调节到适宜公兔射精的温度,即40~42℃。再在假阴道壁上涂消过毒的润滑剂,使假阴道内层形成三角形或两边形,即可用来采精。

(2)采精的方法:采精员首先用左手抓住母兔的耳朵和颈部皮肤保定好,右手持假阴道放于母兔腿之间,紧贴母兔腹下,稍向外突出1厘米或与外阴相平,前端稍低。待公兔爬上母兔后躯时,根据公兔阴茎的位置稍作调整,以保证公兔阴茎顺利插入假阴道开口处。当公兔后躯蜷缩,发出"咕咕"叫声并向一侧滑下时,即表示射精结束。立即将假阴道口向上竖起,以防精液流失,然后放掉水,取出集精管,塞上消毒的木塞。经过训练的公兔,可用一张兔皮蒙住采精员的右手及胳臂固定住,也可达到采精的目的。

采精后,所有用具必须用温肥皂水及时洗涤干净,橡皮内胎、集精管用纱布擦干,涂上滑石粉,以免粘合变质。其他用具亦要放在干燥、清洁的橱箱内,以备下次再用。

(3)精液检查:进行肉兔精液品质检查,应在采精后立即进行。

①肉眼检查:即直接观察精液的数量、色泽、混浊度、气味等。正常成年公兔的精液呈乳白色,不透明,有的略带黄色。精液的颜色和混浊度,与精子的浓度成正比。每次射精量为0.5～1.5毫升,新鲜精液无臭味,pH6.8～7.25。

②显微镜检查:精子活力的强弱,是影响母兔受胎率及产仔数量的重要因素。一般精子活力越强,则受胎率越高,产仔数也越多。所以,鉴定精子活力的强弱,是评定公兔种用价值高低的重要指标之一。在生产实践中,一般要求公兔精子的活力在0.6以上,冷冻后活力也应在0.4以上,才可作输精用。

③精子的密度:评定公兔精子的密度有评等法和计数法。评等法可分为密、中、稀三等。密:在显微镜视野中,精子非常稠密,精子间几乎没有空隙。中:在显微镜视野中,精子间有空隙,每个精子清晰可见。稀:精子零

星分布,空隙大,数量少。

(4)精液稀释:精液的稀释,对肉兔的人工授精具有重要意义。肉兔一次射精量较少,如果采一只公兔的精液只输给1~2只母兔,会造成很大浪费。若对精液进行稀释,可以给多只母兔输精,就大大提高了优良种公兔的利用价值。同时,稀释液可供给精子养分和中和副性腺分泌物对精子的有害作用,并能缓冲精液的酸碱度,增强其生命力和延长精子的存活时间,便于保存和运输,更好地发挥优良种公兔的作用。目前所采用的肉兔精液稀释液比较简单,主要有以下几种:

①7%葡萄糖溶液:取化学纯葡萄糖7克,放入清洁干燥的量杯中,再加入蒸馏水或过滤开水到100毫升,轻轻搅拌,使其充分溶解。用两层滤纸过滤到三角烧瓶中,煮沸或蒸汽消毒20分钟,待降温至30~35℃时使用。使用时,加入适量抗生素(青霉素或链霉素),以防止细菌污染。

②11%的蔗糖溶液:取化学纯蔗糖11克,放入量杯中,加蒸馏水到100毫升,充分搅拌溶解。再用滤纸过滤于三角烧瓶中,加盖密封,消毒20分钟,降温后使用。

③1%的氯化钠溶液:取化学纯氯化钠1克,放入量杯中,再加水到100毫升,经过滤、密封、消毒后使用。

精液的稀释倍数应视精子的活力、密度等具体情况而定。精液稀释要在20~25℃的室温环境中进行。一般精液多进行 3 ~ 10 倍稀释。稀释精液时,把 30 ~ 35℃稀释液沿接精管壁缓慢注入精液中,稍加振荡使之充分混合,即稀释完毕。然后取一滴稀释液,进行显微镜检查。如果精子无明显变化,即可给母兔输精;如果精子活力很差,死亡精子多,则要及时查明原因,此稀释液就不能供输精之用。

稀释的精液一时用不完,要立即放在阴暗干燥处保存,或放在普通冰箱中,保持温度在 0 ~ 5℃,否则将明显影响精子的存活时间。精液降温要缓慢进行,使其有一个适应的过程。再次使用前,应先进行精子活力检查。

(5)输精:肉兔属刺激排卵的动物,因此,在输精前必须进行处理。用结扎公兔交配诱发母兔排卵,一次肌肉或静脉注射促排卵素 3 号(或促排卵素 2 号)3 ~ 5 微克,促使发情排卵,同时输精。

输精时,可用肉兔专用输精管,或用消毒的羊、牛用玻璃输精器代替。将母兔用两腿夹住,头向下,用两指将外阴部轻轻分开,然后将输精管沿阴道背侧面缓缓插入6 ~ 8 厘米,每次输精0.3 ~ 1 毫升。将输精管慢慢抽出,并轻轻按摸母兔阴部,增加其快感,加速阴道与子宫的收缩,避免精液倒流。或将母兔放在兔专用保定箱中,用左手抓住母兔臀部皮肤,同时食指和中指夹住尾巴,并拨向一边,充分暴露外阴,右手进行输精操作。

（四）同期发情技术

1. 同期发情的意义

对母兔的发情周期进行同期化处理,称为同期发情。同期发情时多采用激素对母兔进行同期化处理,使母兔群体集中在短期内发情,发情越集中越好。对同期发情的母兔可以进行同期配种,便于以后的生产管理。

在肉兔生产中,同期发情、同期配种技术有很多优点:母兔在短时间内同期发情、配种、产仔,有利于怀孕母兔、仔幼兔的管理,提高工作效率;有利于开展人工授精工作,可以将优良公兔的精液输给更多的母兔,迅速提高兔群质量;商品兔及其产品批量上市,适应市场需要。

2. 同期发情技术

（1）激素处理法:主要包括马绒毛膜促性腺激素和前列腺素。

①马绒毛膜促性腺激素:不同的激素、不同的剂量、不同的注射时间,得到的结果不一样。在42天繁殖周期中,泌乳母兔于人工授精前注射不同剂量的马绒毛膜促性腺激素,一般都可以提高发情率。

马绒毛膜促性腺激素对提高泌乳母兔的产仔率也有一定的效果,但与母兔的胎次、注射剂量、注射时间和注射次数有关。从母兔的胎产次来看,马绒毛膜促性腺激素不能提高初配母兔的产仔率,但可以提高初产和多产泌乳母兔的产仔率;从注射剂量和注射时间来看,授精前72小时注射马绒毛膜促性腺激素20国际单位,并不能提高产仔率;在授精前48小时注射,一般可提高母兔的产仔率;在授精前大于72小时注射,产仔率却少有提高。在35天的繁殖周期中,授精前48小时注射产仔率和产仔数均有所提高。由于马绒毛膜促性腺激素为外源性大分子物质,因此随着注射次数的增加,母兔的繁殖表现逐渐下降。

目前,马绒毛膜促性腺激素同期发情的方案为,在42天的繁殖周期中,泌乳母兔产后第11天人工授精,授精前48小时注射20~25国际单位马绒毛膜促性腺激素,可普遍提高泌乳母兔繁殖表现,产仔率至少可达70%以上,而且不会有严重的免疫效反应。

②前列腺素:一般应用于授精前2~3天。

(2)生物刺激法:"生物刺激法"是用取代激素的方法来提高家畜的繁殖效率,主要包括母子隔离法、加强营养法、光刺激法和公畜接近法,还有较新的体况评分法。

生产中常常将不发情的母兔用结扎公兔进行爬跨刺激催情,发情效果较好。

肉兔产业先进技术

(五)种兔繁殖模式

使用适合本场生产实际的繁殖模式,可以最大限度地发挥种兔的生产能力,使养兔效益最大化。

1.49 天繁殖模式

将一栋兔舍内的繁殖母兔大致分成 7 批次,每周一配种一个批次,7 周正好循环一遍。分 7 组不是简单先将母兔分开,而是在开始配种前,每次都是挑选发情好的配种,集中不发情的先催情再配种。到了第二个循环开始(第八批),每周一配种的兔子不可选择,固定来自产后 18 天的、14 天前配种没有受胎的和更新的后备兔子(图 21)。

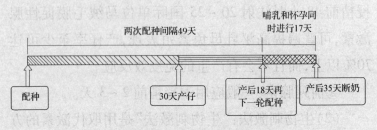

图 21   肉兔 49 天繁殖模式

根据 49 天繁育模式,可以固化每天的工作内容(表 26)。

2.42 天繁殖模式

这种模式的繁殖周期一般为 6 周 42 天,同期发情→人工授精→妊娠诊断→同期分娩→同期断奶,由此循环下去(图 22)。与其他家畜不同,肉兔周期化繁殖过程中,由于繁殖周期时间短,母兔尚处于泌乳期时就要进行人工授精,因此,有一段时间母兔会同时哺乳和妊娠,这对母兔的体况和代谢能力都是挑战。但这种高密度繁殖的生产模式,可以充分发挥优良母兔的繁殖潜力,同时具有高效率、高效益、简单易管理的特点,尤其适合在大规模兔场中应用。

表 26　　　　肉兔 49 天繁育模式每天的工作内容

周 次	周一	周二	周三	周四	周五	周六	周日
第1周	配种1						
第2周	配种2				催情3	摸胎1	
第3周	配种3				催情4	摸胎2	
第4周	配种4				催情5	摸胎3	
第5周	配种5	安产箱1	产仔1	产仔1	产仔1 催情6	摸胎4	
第6周	配种6	安产箱2	产仔2	产仔2	产仔2 催情7	摸胎5	休　息
第7周	配种7	安产箱3	产仔3	产仔3	产仔3 催情1	摸胎6	
第8周	配种1	安产箱4　断奶1	产仔4　撤产箱1　撤产箱3	产仔4	产仔4 催情2	摸胎7	

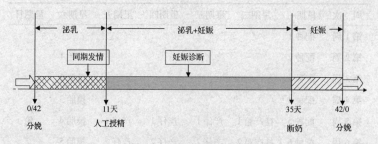

图22　42 天繁殖模式

3."四同期法"生产模式

"四同期法"是同期配种、同期产仔、同期断奶、同期出栏新的生产管理模式。在生产中,根据肉兔的繁殖周期和工作计划,所有时间周期均以周(7天)为单位,实行标准化、工厂化生产,做到每周任务一致,实行"每周工作制",实现模式化生产管理。星期一利用人工授精技术进行配种;星期二将怀孕29天(4周+1天)的母兔统一安置产仔箱;星期三重点对达到一定周龄的兔子进行测定(包括3周龄母兔泌乳力,4周龄、8周龄、12周龄体重);星期三至星期五则对所有初生仔兔进行测定,星期五下午对因难产或推迟出生的母兔统一注射催产素,确保产仔的同期性,并对仔兔进行选留淘汰,实行统一带仔数;星期六对配种已达13天(1周+6天)的母兔摸胎,受孕母兔进入怀孕期管理,空怀兔进入下周一继续配种;星期日则为轮流休息(表27)。

表27 **"四同期法"生产模式**

周　次	星期一	星期二	星期三	星期四	星期五	星期六	星期日
第1周	配种1						
第2周	配种2					摸胎1	
第3周	配种3					摸胎2	
第4周	配种4					摸胎3	
第5周	配种5	挂产箱1	产仔1	产仔1	产仔1	摸胎4	轮
第6周	配种6	挂产箱2	产仔2	产仔2	产仔2	摸胎5	
第7周	配种7	挂产箱3	产仔3	产仔3	产仔3	摸胎6	流

（续表）

周　次	星期一	星期二	星期三	星期四	星期五	星期六	星期日
第8周	配种8	挂产箱4	产仔4 撤产箱1 产仔5	产仔4	产仔4	摸胎7	休 息
第9周	配种9	挂产箱5	撤产箱2 断奶1 产仔6	产仔5	产仔5	摸胎8	
第10周	配种1	挂产箱6	撤产箱3 断奶2 测定1	产仔6	产仔6	摸胎9	

图书在版编目（CIP）数据

肉兔产业先进技术/姜文学,杨丽萍主编.—济南:山东科学技术出版社,2015

科技惠农一号工程

ISBN 978 - 7 - 5331 - 8016 - 4

Ⅰ.①肉… Ⅱ.①姜… ②杨… Ⅲ.①肉用兔—饲养管理 Ⅳ.①S829.1

中国版本图书馆 CIP 数据核字(2015)第 277051 号

科技惠农一号工程

现代农业关键创新技术丛书

肉兔产业先进技术

姜文学　杨丽萍　主编

主管单位:山东出版传媒股份有限公司

出　版　者:山东科学技术出版社
地址:济南市玉函路 16 号
邮编:250002　电话:(0531)82098088
网址:www. lkj. com. cn
电子邮件:sdkj@ sdpress. com. cn

发　行　者:山东科学技术出版社
地址:济南市玉函路 16 号
邮编:250002　电话:(0531)82098071

印　刷　者:山东金坐标印务有限公司
地址:莱芜市嬴牟西大街 28 号
邮编:271100　电话:(0634)6276023

开本:850mm×1168mm　1/32
印张:4.875
版次:2015 年 12 月第 1 版　2015 年 12 月第 1 次印刷

ISBN 978 - 7 - 5331 - 8016 - 4
定价:13.00 元